The textbook of the projection mapping

プロジェクションマッピングの教科書

田中健司● 著

C&R研究所

■権利について

- 本書に記述されている社名・製品名などは、一般に各社の商標または登録商標です。
- 本書では™、©、®は割愛しています。

■本書の内容について

- 本書は著者・編集者が実際に操作した結果を慎重に検討し、著述・編集しています。ただし、本書の記述内容に関わる運用結果にまつわるあらゆる損害・障害につきましては、責任を負いませんのであらかじめご了承ください。
- 本書で紹介している操作の画面は、OSやWebブラウザによってはデザインや仕様、内容が変更になる場合もあります。本書で解説している画面と比べ、メニューの位置が変わったり、操作が一部変更になったりする場合がありますので、あらかじめご了承ください。なお、本書は、2017年4月現在の情報をもとに作成しています。

■著者の特設Webサイトについて

本書の中で紹介しているプロジェクションマッピングの事例の写真や動画、資料などは、下記の著者の特設Webサイトで確認することができます。また、CHAPTER 4「プロジェクションマッピングの制作(基礎編)」で解説しているサンプルデータをダウンロードすることも可能です。

- 『プロジェクションマッピングの教科書』著者特設Webサイト

  URL http://mappingbook.jp

※サンプルデータの動作などについては、著者・編集者が慎重に確認しております。ただし、サンプルデータの運用結果にまつわるあらゆる損害・障害につきましては、責任を負いませんのであらかじめご了承ください。

※サンプルデータの著作権は、著者が所有します。許可なく配布・販売することは堅く禁止します。

●本書の内容についてのお問い合わせについて

この度はC&R研究所の書籍をお買いあげいただきましてありがとうございます。本書の内容に関するお問い合わせは、「書名」「該当するページ番号」「返信先」を必ず明記の上、C&R研究所のホームページ(http://www.c-r.com/)の右上の「お問い合わせ」をクリックし、専用フォームからお送りいただくか、FAXまたは郵送で次の宛先までお送りください。お電話でのお問い合わせや本書の内容とは直接的に関係のない事柄に関するご質問にはお答えできませんので、あらかじめご了承ください。

〒950-3122 新潟県新潟市北区西名目所4083-6　株式会社 C&R研究所　編集部
FAX 025-258-2801
「プロジェクションマッピングの教科書」サポート係

PROLOGUE

2004年の2月、大学生の私は先生の紹介で、京都にある二条城に同級生と2人で向かいました。夜桜のライトアップイベントがあるので、二条城の外から最も目立つ場所にある東南隅櫓（すみやぐら）という建物を映像で演出して欲しいという制作の依頼でした。プロデューサーから、二条城の御殿にある絢爛豪華な飾りの画像を、東南隅櫓の白壁に貼り付けた参考イメージを手渡され、これほど大胆なことを公共空間で発表できるのかと、私は驚きを隠せませんでした。

本番まで1カ月の間に、素材の撮影、制作手法の考案、映像の制作、自作のプロジェクター台の設置、テスト投影、見張りやオペレーションスタッフの手配、そして先生の協力を得て、2台のプロジェクターを同期させるプログラミングまで、立ち止まることなく幅広い仕事を行い、本番を迎えました。約1カ月間の会期でしたが、ほぼ毎日会場に通い、来場者の感想を直接聞くことができ、人生の中で最も貴重な経験の1つになりました。この体験をきっかけに、後に言う「プロジェクションマッピング」の制作を開始しました。

当時は「プロジェクションマッピング」という言葉はなく、美術の展示形態の1つに空間全体を含めた表現である「インスタレーション」という作品があり、私自身もインスタレーション作品として制作してきました。美術作品の中では、夜の屋外に展示する大型の作品は珍しく、さまざまな建物に対応できることに利点もあり、美術作品として展示することもしばしばありました。2010年頃から、プロジェクションマッピングの制作依頼が増え、2013年には、観光や広告、自治体のイベントなど、美術に限らず幅広い分野での制作依頼が急増しています。

私は、学生時代のちょっとしたきっかけからプロジェクションマッピングの制作を始め、振り返ればこの10年の間に、小規模から大規模なプロジェクト、独自企画から広告代理店とのプロジェクト、商業ビルから城や河川への投影、美術、観光、広告のプロジェクト、1人からチームワークによる制作、CGアニメーションからアナログな手法による制作など、映像制作に留まらず幅広い経験をしてきました。

プロジェクションマッピングと共に人生の内の10年を歩んできたと言えるのですが、同時にプロジェクションマッピングの流行に驚きを隠せません。なぜかと言えば、「プロジェクションマッピングがいかに面白くないか」を私は知っているからです。

建物に映像を貼り付けることが、多くの人々を喜ばせ、感動させる十分条件ではありません。この意見に驚かれるかもしれませんが、付き合いが長く正面から向き合っているからこそ、とても冷静な意見を持っています。言い換えれば、多くの人々を感動させ、評価させるということは、とても困難なことだと言えます。だからこそ、私は常に試行錯誤をして、新たな企画や手法を考え制作を続けています。

私の願いは、『プロジェクションマッピングを流行で終わらせないこと』そのためには、焼き回しのような作品ではなく、クオリティの高い作品を社会に多く存在させることです。したがって、制作者には、映像制作という技術的なことだけではなく、プロジェクションマッピングの強みを十分に理解して、建物、地域、文化、クライアントと対話して、社会に価値のあるものだと届けるだけの力が必要になります。さらに、プロジェクションマッピングを定着させるための手法や価値の多様化と共に、クオリティを高めるために各分野で活躍しているクリエイターやアーティスト、そしてビジネスマンを巻き込むことが必要になると私は考えています。

プロジェクションマッピングは新しい分野であり、本書を執筆している私は、まだ30代半ばです。そして、学校や先生に教えてもらったわけではなく、現場や制作を通じて必要な能力を培い、自分に足りない能力はチームワークで補ってきました。本書を通じて、10年の間に独自に学んできたことを追体験して頂き、同世代や学生を始め若い世代の人ほど、どんどん挑戦すれば新しい分野を切り開けることを多くの人に気がついて欲しいです。さらに、クリエイティブな仕事には、ソフトの使い方や制作する力以外に、企画力やコミュニケーション力が、いかに大事なのかを感じ取って欲しいです。

映像を建物に貼り付ける技術は、それほど難しいことではありません。似たようなことを制作した経験があると言う人も多くいます。しかし、アイデアがある、技術がある、実験したことがあるということにあまり価値がありません。いかにして、実現できるか。そして、継続して実績をあげ続けるかが、社会に評価されるポイントです。

本書では、可能な限り具体的な項目をあげ、実現するために必要な能力や視点を紹介しています。ぜひ、多くの人に伝われば嬉しく思います。

2017年4月

メディアアーティスト　田中健司

CONTENTS

CONTENTS

■CHAPTER 3

プロジェクションマッピングの制作知識

■CHAPTER 4

プロジェクションマッピングの制作（基礎編）

■CHAPTER 5

プロジェクションマッピングの制作（実例編）

■CHAPTER 6

プロジェクションマッピングの現場

CHAPTER 1

プロジェクションマッピングの概要

SECTION-01

プロジェクションマッピングの概要

プロジェクションマッピングを企画・制作をする上で、まずその概要を理解する必要があります。プロジェクションマッピングが、どのような経緯で生まれ、どのようなニーズがあり、ビジネスとして可能性があるのか。プロジェクションマッピングの知識について学ぶ事も、今後の応用力を育てるためのスタート地点になります。

プロジェクションマッピングについて

プロジェクションマッピングとは、建物や構造物に対してプロジェクターを使い映像投影する空間演出を指します。「プロジェクション」は、映像や光を「投影する、映写する」という意味があり、「マッピング」は地図に要素を「割りあてる」、3DCGのモデリングにテクスチャを「貼り付ける」というように使われます。この言葉は、建物に映像を貼り付けるという造語にあたります。

◉東急ハンズANNEX店でのプロジェクションマッピング

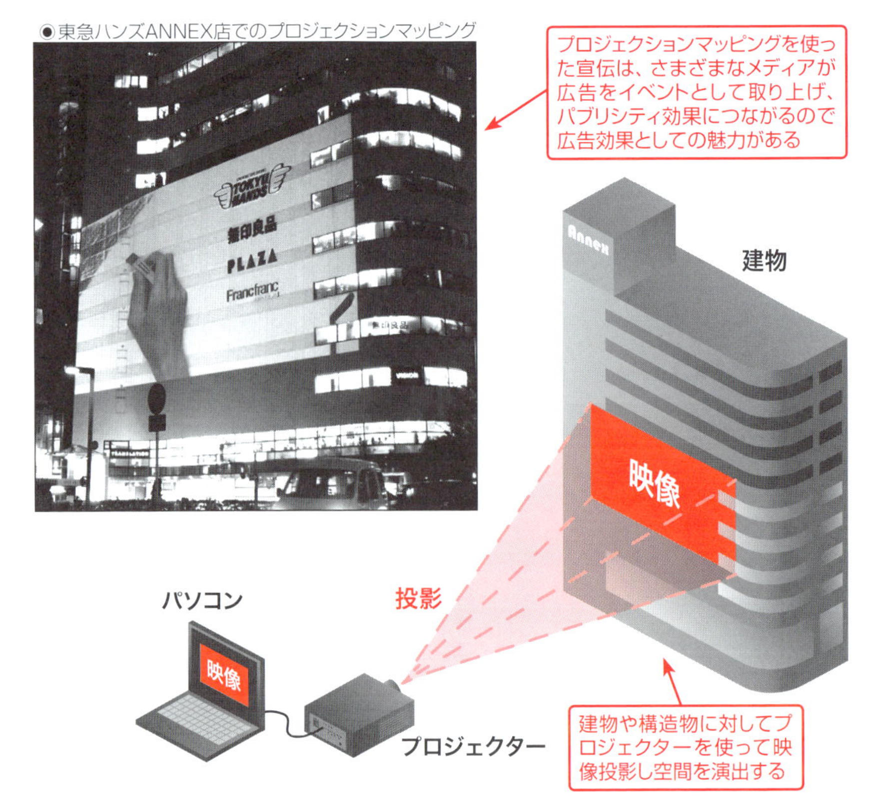

プロジェクションマッピングは、映像をテレビモニターに表示する、シアタースクリーンにプロジェクターで投影するといった通常の映像制作とは異なり、建物の形状に対して特別に合わせた映像コンテンツを制作する必要があります。つまり、その場限り、その場特有の表現と演出が、プロジェクションマッピングの魅力でもあります。

また、もう1つの特徴は、3DCGを用いて建物自体が動くかのように錯覚させる手法です。建物全体や一部の壁が「回転する」「崩れる」「飛び出す」「引っ込む」というような錯覚をおこし、見た人を驚かせることです。そのため、「3Dプロジェクションマッピング」と呼ばれることもあります。

プロジェクションマッピングの多様化もめざましく、建物に留まらず、室内において小規模なものや舞台演出の1つとして舞台の背景やパフォーマーへのプロジェクションマッピングなど、幅広いシーンで利用され始めています。

プロジェクションマッピングの歴史

プロジェクションマッピングという言葉が生まれ、ブームになる前から類似した表現は存在していました。クシュシトフ・ウディチコ氏による「パブリック・プロジェクション」シリーズ、長谷川章氏による「デジタル掛け軸」シリーズなど、アーティストやクリエイターによって、それぞれに手法を命名していました。

しかし、現在のプロジェクションマッピングの特徴である建物の形状を利用した表現とは異なり、建物の意味を捉え社会的メッセージをコンセプトにした表現、あるいは作家の個性が象徴されるようなグラフィックを建物全面に投影するなど、独自の手法が存在しました。

私は、建物や地域、持ち主などの文脈やストーリーから、建物の細部や資料など画像を抜き出し、建物の形にレイアウトをする方法で制作を続けてきました。トキハ館のプロジェクトでは、廃墟になった映画館の外壁に、プロジェクションマッピングを行いました。全盛期だった頃の写真や地元のニュース映画のフィルムをオーナーから借りることができ、映像を制作しました。

◉トキハ館 外壁投影プロジェクト(2004年)

さらに、個人の活動に限らず、美術の分野においてもプロジェクションマッピングが生まれる土壌がありました。ビデオアート、メディアアートという分野においては、既存のテクノロジーや機材を通常の使い方をせず、新たな使い方を模索することが頻繁に行われてきました。

プロジェクターを使った表現の実験も行われ、プロジェクションマッピング的な手法は、さまざまな表現の中に混在していました。多くのクリエイターやアーティストの中には、かつてプロジェクションマッピング的手法を経験したことがありました。

欧州では、10年ほど前からプロジェクションマッピングをテーマにしたフェスティバル「Mapping Festival」(スイス、ジュネーブ)が開催され、日本より先行して盛んに行われています。また、日本より欧州の方が、商品ディスプレイや広告においてプロジェクターを活用する場面が多く、プロジェクションマッピングの浸透が早かったのも原因の1つかもしれません。日本では、プロジェクターより液晶やプラズマテレビが活用され、さらにモニターの大型化も進みプロジェクターを活用するシーンも少ない傾向にあります。

プロジェクションマッピングの普及

日本において、プロジェクションマッピングを最も有名にさせたプロジェクトは、東京駅のプロジェクションマッピング「TOKYO STATION VISION」と言えます。

もちろん、それ以前からクリエイターや映像の業界ではプロジェクションマッピングへの期待は年々上がっていました。しかし、東京駅のプロジェクトをきっかけに、プロジェクションマッピングの一般化が始まり、テレビのワイドショーで頻繁に特集され、広告代理店や企業、役所を含めて、クリエイティブな映像に対して、保守的な層にも周知されたことが、プロジェクションマッピングを開催する機会の増大にもつながっています。

「プロジェクションマッピング」という言葉とイメージが広がり、「プロジェクションマッピング」と宣伝することで、集客にも効果をあげ、イベントや広告の主催者側も資金を出しやすくなっています。

プロジェクションマッピングが日本中に知れ渡った2012年が、日本における「プロジェクションマッピング元年」と言えます。

SECTION-02

プロジェクションマッピングの魅力

プロジェクションマッピングには、さまざまな魅力があります。その中でも、観光ツールとしての魅力、建物を変身させる魅力、メディアとしての可能性、クリエイターの活躍の場について紹介します。

新たな観光・PRツールとしての可能性

プロジェクションマッピングは、新たなイベントの1つとして存在感が高まっています。たとえば、お祭りやイルミネーション、ライトアップなどと同じように、毎年の恒例行事として催されることは、不思議ではありません。注目する催しとして、既存のイベントをさらに盛り上げる可能性があります。

2007年頃に始まったゆるキャラブームは、今でもゆるキャラは一過性のものではなく、現在でもゆるキャラはさまざまなところで活躍しています。地方自治体は、ゆるキャラを作り、地域の特色を宣伝してきました。

さらに、2011年頃から「うどん県」「おしい広島」などのPR動画が新たなブームとなり、YouTubeやSNSで地域を宣伝する動画が制作されています。

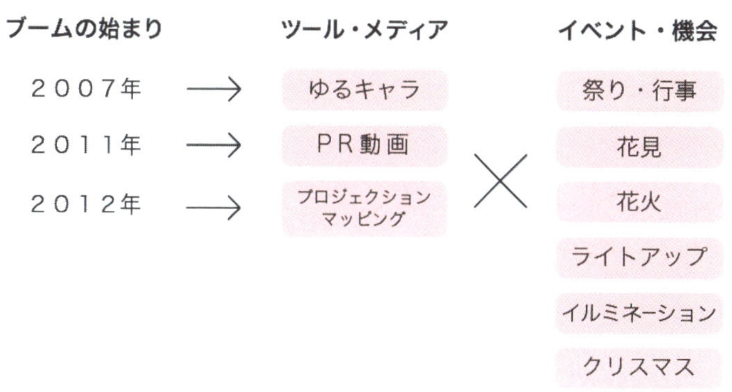

観光PRツールの可能性

このように、地方自治体は、地域を宣伝するツールを求め、インバウンドと呼ばれるように、観光客を呼び込む意識が高まっています。従来のお祭りやイルミネーションなどのイベント、ゆるキャラ、PR動画と同様に、プロジェクションマッピングも新たな観光PRのツールとして期待され定着化していくと考えています。

建物を変身させる力（映像の仮設性）

プロジェクションマッピングを設置の側面から見た特徴は、「仮設性」にあります。建物の外観全体に変化を加えることは、大掛かりな工事や予算がかかります。さらに、古い建物や歴史、文化的な建物においては、耐震補強や補修することはあったとしても、大胆に外観の形や色を変化させることは、ありえません。つまり、建物に手を加えず、破壊することなく、一時的に変化させることができるのが、プロジェクションマッピングの魅力と言えます。私は、これを「映像の仮設性」と呼んでいます。

◆ 街並みの変化とプロジェクションマッピングの関係性

欧州が、プロジェクションマッピングの普及に先行した理由について、それぞれの街並みの違いが関係していると考えられます。

日本の都市は、新陳代謝が早く生き物のようにダイナミックに変化する街並みです。建物には、印刷シートや液晶ディスプレイなどによって、イメージや色彩が街並みに溢れています。言い換えると、コンクリートや木造の建物が、数十年単位で建て替えられ、借り主が変わる度に、ファサード（外観正面）やサインがリニューアルされます。日本は、変化し続ける動的な街並みだと言えます。

一方、欧州では、歴史的な景観を守り、建物の外壁は石やレンガなどの一定の素材で構成されています。街並みは調和を持ち、変わらないことがごく普通で、静的な街並みだと感じます。このような街並みに対して物理的な加工を加えることなく、つまり現状復帰がすぐに可能な方法で、街並みを変化させたい場合、プロジェクションマッピングは有効です。

静的な街並みだからこそ、プロジェクションマッピングは、ダイナミックに欧州の街並みに映えるのではないかと考えられます。

◆ 歴史的建造物とプロジェクションマッピングの親和性

私は、2004年に京都にある二条城でプロジェクションマッピングの制作を行いました。二条城は、築城400年を超える歴史的建造物であり、世界遺産にも登録されています。建造物に手を加えることはできません。敷地内に機材を設置することも、宮内庁や行政に申請するなど手続きが必要になります。文化財の建造物は、厳しい条件で管理運営されていますが、映像や照明をあてることに対しての制約は特にありません。

プロジェクションマッピングは、歴史・文化的建造物や大規模な建物などに、容易に形や色、イメージを追加することができます。一時的なプロモーションやイベント、そして歴史的な都市や建築に対して、映像の仮設性を持つプロジェクションマッピングは、親和性があると言えます。そして、日本の城は、漆喰の白い壁で出来た城が多く、映像が映えやすく、歴史的なイメージやストーリーが素材になり、場の魅力を伝えることにもつながります。

◉元離宮二条城ライトアップ2004(共同制作者:野村秀幸)

SECTION-03

プロジェクションマッピングという新しい映像メディア

プロジェクションマッピングは、広告やテレビCMとは違い、ビジネスモデルが確立しているわけではありません。これは、プロジェクションマッピングという手法が確立し始めてから、数年しか経っていないことが理由の1つです。そして、制作プロダクションや広告代理店もプロジェクションマッピングという新しい案件を経験したことがないこともあり、クリエイターやアーティストなど個人の力を発揮して、制作する機会も多くあります。

クリエイターの新しい活躍の場へ

ビジネスモデルが確立していないということは、見方を変えれば、企業が制作するだけの予算がないことでもあります。つまり、ビジネスという側面だけではなく、個人が活躍しやすい新しいチャンスと捉えることができます。

美術、広告、エンターテイメントなど、幅広い分野にプロジェクションマッピングは関わっていると言えます。そして、アーティストやクリエイターが、美術館などにおける展覧会、舞台などの装飾、テレビ・新聞・雑誌・ポスターなどの広告や印刷物、WebサイトやYouTubeなどのインターネットなど、さまざまな場所やメディア媒体などで活躍しています。プロジェクションマッピングは、それらの機会で使える手法とも言えますが、新たに追加された発表の場所と捉えることもできます。

プロジェクションマッピングという映像メディアの特性

プロジェクションマッピングのメディアとしての特徴は、映像にもう1つの要素・レイヤー（建物や構造物）が加わることです。それが、モニターやスクリーンに映像を表示することとの大きな違いです。

◆ プロジェクションマッピングとコミュニケーション

テレビは、電波網につながった住宅へ同じ映像を遠距離かつ同時配信することに、特化したメディアです。映画は、映画館に足を運ぶ必要がありますが、フィルムやデータを各映画館へ巡回して、同じ空間で数十人から数百人程度の人々と一緒に大画面で高品質な映像を体験することができるメディアです。

しかし、プロジェクションマッピングは、世界どころか日本の映画館でも見ることができません。不動である建物の前にわざわざ行かなくては、見ることができません。不便であるに違いはありませんが、その場所でしか成立しないものが制作出来る可能性もあります。建物の形状に映像を合わすことと同時に、映像コンテンツも建物や地域が持つ歴史や文化を組み合わせて、深みのある映像表現が可能になります。

◆ プロジェクションマッピングとコンテンツ

建物は、住居や商業で使われる実用的な機能を持つのと合わせて、都市の目印(ランドマーク)や歴史・文化を象徴するシンボルになる側面があります。

市民の多くが、建物・地域・文化の関係性や価値を認識していれば、プロジェクションマッピングを見る予備知識になります。美術では、この一連の予備知識のことを「文脈(コンテクスト)」と言います。深い感動や理解、評価を得るためには最も重要な要素の1つです。

一方で、テレビや映画は、数百万人の視聴者が楽しめるために、予備知識をあまり持たなくても楽しめるように作られています。どちらが、優れているということはありませんが、制作者は作り方の方向性や視聴者の状態を考える必要があります。

情報技術が、めざましい発展を遂げている今の時代は、映像コンテンツをデジタルデータで瞬時に世界中へ流通させることができます。しかし、プロジェクションマッピングでは、建物という不動の対象に対して、建物の形状や文脈にあわせた専用の映像コンテンツを制作する必要があります。

プロジェクションマッピングの魅力は、映像表現として建物の形状、歴史や文化を活用して、視聴者に深みのある感動をあたえる条件や環境が整っていることにあると言えます。

	配信力	高品質	同時性	携帯性	独自性
テレビ	◎	○	○	△	△
映画館	×	◎	○	×	○
Youtube	◎	△	△	◎	○
プロジェクションマッピング	×	○	○	×	◎

映像メディアの比較

SECTION-04

プロジェクションマッピングのビジネス

プロジェクションマッピングは、ビジネスとしても新しい領域と言えます。そのため、ビジネスとして成り立つには、未だに時間が必要です。しかし「プロジェクションマッピング」という言葉の広がりに合わせて、ビジネス環境が整いつつあると実感しています。

ビジネスとして成り立つには、クライアントと予算を設定して、どのような提案がどれくらいのコストが必要なのかが重要になっていきます。さらに、現状において収益化が難しいビジネスであったとして、どのようなマーケティングや差別化をして生き残るのかを考えることが求められます。

ビジネスの参加者

プロジェクションマッピングの依頼者は、自治体や企業になります。また、その仕事を請け負う元請けは、広告代理店になることが多いです。自治体が主催する祭りやイベントの演出の1つとして、企画に盛り込まれることもあります。企業においては、セールや商品の広告宣伝の1つとして活用されることが増えつつあります。広告代理店は、クライアントやスポンサーに対して、ヒアリング、提案、日程、予算などの調整役になることが多いでしょう。

クライアントの関係

ただし、自治体や企業から依頼があることは少なく、広告代理店、広告デザイン会社、機材レンタル会社、映像機器メーカーとクリエイターが協力して、企画を立ち上げ、提案を行い、入札に参加する必要があります。

自治体においても、税金ですべての予算を賄うわけではなく、企業からの協賛金を前提に予算が組まれることもあります。資金を出すスポンサーが増えることで、実質的なクライアントが増えることになります。逆に、企業が主催であったとしても、公道から見えるような公共空間であれば、自治体と良い関係を築く必要があります。利害関係が増えるにしたがって、映像コンテンツの中に関係者の魅力を盛り込むことが求められ調整する必要があります。

ビジネスモデル

プロジェクションマッピングのビジネスモデルは、クライアントの代わりに、企画、運営、制作する代行ビジネスと言えます。

基本的には、クライアントから与えられた予算に対して、イベント企画運営費、機材レンタル費、映像制作費が経費になり、受託者にとってそれが売上・利益になります。開催期間に対して、イベント企画運営費、機材レンタル費は変動します。映像制作費は、コンテンツの長さ、3DCGや音楽などコンテンツの要素によって変動します。

準備から開催期間を含めて、数カ月から1年程度の期間を1つの案件とします。建物にプロジェクションマッピングを行い、集客をして来場者が鑑賞出来るイベントの企画や運営をここでは指します。

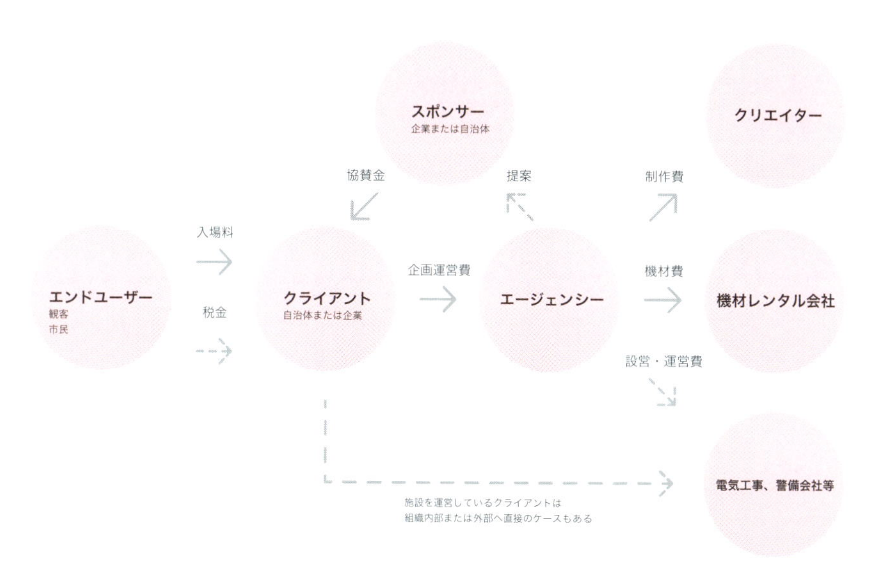

ビジネスモデルの全体図

私有地内や室内であれば、機材を常設または保管することもでき、季節毎の開催や年間契約という形になるため、異なるビジネスモデルの可能性もあります。

具体的な例として、ブライダルの宴会場にプロジェクターを設置して、披露宴の演出の1つとして、プロジェクションマッピングを行います。披露宴のメニューの中にあるオプションとなります。クリエイターや制作プロダクションは、ブライダルの運営会社に対してコンテンツの買取や使用料などいくつかの契約が考えられます。

プロジェクションマッピングを、広告の素材やコンテンツとして扱う場合は、制作費の他に、撮影やWebなどの広告に関わる費用が別途必要になります。規模によりますが、会場の運営費、機材レンタル費は低く抑えれる可能性はあります。

プロジェクトの予算

ビジネスとして最もボトルネックになるのは、コストです。まず、企画を進める段階で、予算の規模が合わなければ、実現はできません。

最もよくあるクライアントのキーワードに「東京駅並の規模」があります。東京駅並の規模、地方都市の最も大きな建物だと「1億円」前後の見積りが必要な場合もあることでしょう。また、数百万円などの現実的な規模で開催しようという動きもあります。数百万規模であれば、企業の年間予算の一部を絞り出すことや自治体の行事でも、提案内容を組み替えることで入札に参加するという方法もあります。

そして、認知度が高まるにつれて、ビジネスとしての模索は広がっています。開催されることにより、ある程度の広告効果などが測定され、適正な予算感を持たれ始めています。

◆ 予算の構成

大規模なプロジェクションマッピングを行うには、機材費、映像制作費、会場運営費(警備、電源、足場など)のコストがかかります。その内、まず大きな割合を占めるのが、プロジェクターの機材費用です。

プロジェクションマッピングの予算は、主に映像制作、投影するための機材や設置に関わる予算になります。場合によっては、警備や電気工事などの会場の整備も含まれますが、それは仕事の分担や受注の契約によって異なります。

予算の5割強程度をプロジェクターや周辺機器のレンタル費用にあたり、2～3割程度を映像の制作費になる印象です。もし、200万円の予算であれば、機材費が120万円、映像制作費が50万円、現場設営費が30万円になります。警備の規模やその他の環境によっては、現場設営費はもう少し増加する可能性はあります。また、映像制作費も映像の内容（3DCGや撮影を伴う映像等）や長さによって大きく変化します。

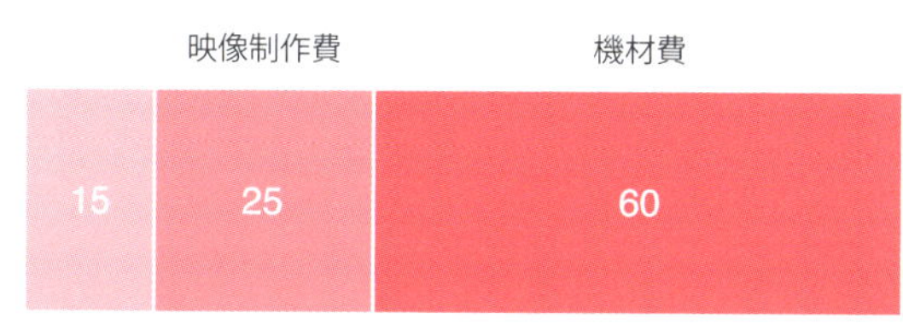

予算の構成

◆予算の規模

企画の規模と期間によって、予算は大きく異なります。規模というのは、建物や映像の大きさのことで、つまりプロジェクターの機種や台数になります。開催が1日であったとしても、全体の費用が100万円以上になる可能性があり、会期が長くなることや規模が大きくなると1000万円近くになることは特別なことではありません。

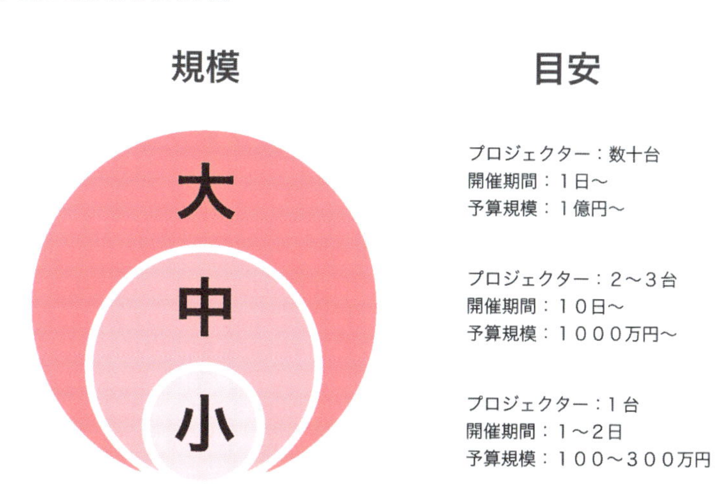

予算規模のイメージ

SECTION-05

プロジェクションマッピングの多様化

プロジェクションマッピングの提案は、地域の祭りやイベント、企業のセールや商品の広告の1つの手段になることが多いです。その中でも、建物全体を投影するスタイルは、プロジェクションマッピングの王道と言えるでしょう。

今後は、観光や広告のツールとして、さらに活用されていく可能性があります。そう考えていくと、大規模化ではなく、多様化、小規模化により、すそ野を広げて、定着させていく必要性があります。

プロジェクトの規模

プロジェクトとして、建物全体ではなく屋内の演出として利用されることがあります。また、実際のプロジェクションマッピングを撮影して、広告のビジュアルとして使われ、TVCMやミュージッククリップの中の演出として活用されることもあります。建物ではなく、物に対してプロジェクションマッピングを行うことで、Web上のみで発表する企画もあります。

多様化の主な事例として、六本木ヒルズの森タワーの最上階にある東京の模型にプロジェクションマッピングをした「TOKYO CITY SYMPHONY」は、Webと連動している企画です。他には、ベルギーのミュージシャンWillowの「Sweater」のプロモーションビデオでは、ランニングマシンが設置された白い個室全体が、プロジェクションマッピングされ、ボーカルが、ランニングマシンの上で歩き、映像も背景となって進んでいきます。

◉TOKYO CITY SYMPHONY（http://tokyocitysymphony.com/）

プロジェクションマッピングの多様化と低コスト化

提案の多様化は、コストの多様化または低コスト化にもつながります。人が集まりやすい大きい建物では、周辺の環境も明るく、映像面も大きくなるので、高性能な大型プロジェクターが必要になるためコストもかかります。スタジオのように、環境が調整可能で、映像面も小さくて十分であれば、市販用の小型プロジェクターも使え、コストは非常に低く抑えることができます。

プロジェクションマッピング単独では、「広告・集客効果が低い」「スポンサーが資金を出しにくい」傾向があるため、柔軟な提案が求められます。コストや効果の面で、アイデアを絞り出さなければいけません。アイデア次第で、提案・コスト・アプローチの幅も広がります。

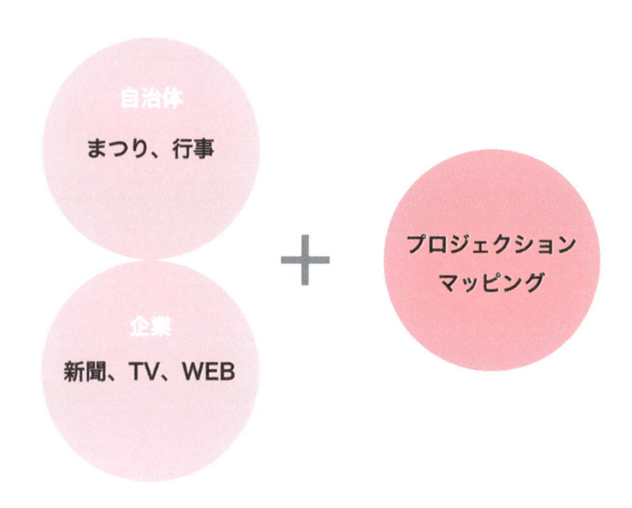

既存のイベントや広告とのタイアップ

プロジェクションマッピング単独の提案ではなく、新聞広告、テレビCM、Webなどと連動したメディアミックスをすることで、集客・広告効果をあげることができます。また、プロジェクションマッピングの提案をした経験が少ない場合であっても、主要メディアの広告というルートを使い、そのオプションとしてプロジェクションマッピングを設定することで、提案のしやすさ、受け入れやすく、ビジネスとしてもスムーズに展開していきます。広告手法としては、まだまだ実例が少ないプロジェクションマッピングを採用するだけでも、注目されやすいでしょう。

パブリシティ効果という報酬

ビジネスとして成り立たせるためには、予算が必要になり、機材費や人件費などのコストが重くのしかかっています。とはいえ、関係者の多くがそのコストの問題を抱えつつ、プロジェクトを実現して実績をあげたいということは珍しくありません。実績をあげたいという目標を共有することが出来れば、お互いに協力し合うことができるはずです。

もし予算が無い場合は、実績や知名度を得るために、パブリシティ効果が得られるのか、クライアントに働きかける必要があります。広報物やマスコミに対して、企業名や個人名を露出することは出来るかを交渉します。また、自らWebやSNSで宣伝し、実績として記録映像をYouTubeへアップロードすることも、一種の報酬と言えます。何らかの形で、お金の変わりになる報酬を交渉して追求していくことは粘り強く考えるべきです。

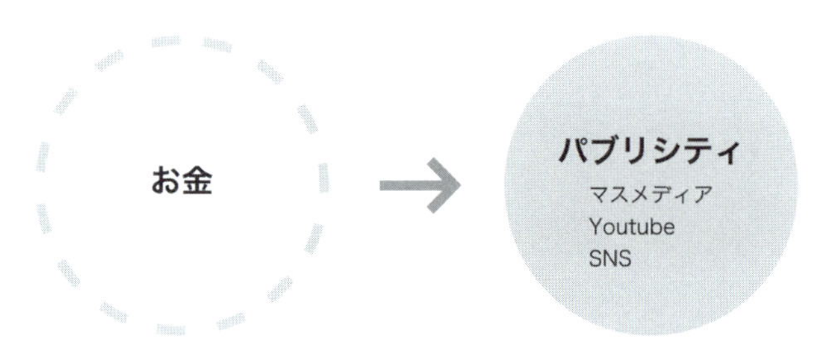

報酬の還元

このビジネスは、収穫期ではなく、種蒔き期であり、実績作りや宣伝のコストとして、先行投資をする時期だと割り切って考える方法があります。しかし、無理をしすぎて受注してしまうと、低い予算が固定化してしまう危険もあります。行政がクライアントの場合は、低い見積りが予算の前例になってしまい、提案する企業が苦しむこともありえます。

プロジェクションマッピングは、新しいビジネスであるため、広告やメディアなどの既存のビジネスモデルとのタイアップ、観光をターゲットにするなど新しい顧客を生み出すこと(顧客創造)もクリエイターやプロデューサーに求められます。言い換えれば、プロジェクションマッピングを理解し、企業の経営者や地域のニーズに対して、ビジネスとしての提案をする能力も求められます。

実現するために必要な時間

プロジェクションマッピングは、実現するまでに時間がかかります。その理由として、企業や自治体において、予算は年度単位で決定するため、年単位の時間が必要です。次年度予算および入札の予定があり、3月頃に年間の案件がだいたい決まる事があります。この流れでは、開催に予想以上に準備期間が必要になります。新しいことを始めるにしても、全国各地へ波及していくにも、かなりの時差が生じる可能性があります。また、前例がないことを初めて実現することは非常に難しいとも言えます。

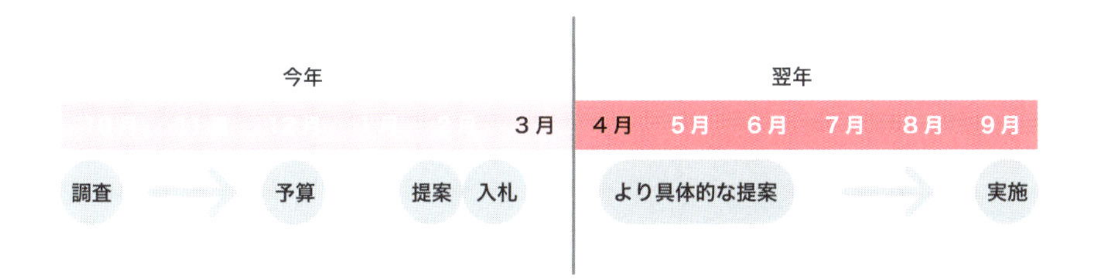

予算のスケジュール

大都市や観光地において、プロジェクションマッピングの成功例が蓄積され、十分な前例が出来る事によって、依頼しやすい環境が整うとも考えられます。さまざまな理由により、プロジェクションマッピングは、ビジネスとして成り立つには時間がかかると同時に全国へ広がり一巡するまでにも時間がかかるため、ビジネスとしてのチャンスも時間も十分にあると予想されます。

さらに、プロジェクションマッピングは、単独のイベントとしては成り立ちにくい側面があり、大きなイベントの中の1つの催し物や企画として行う事が現実的です。単独では、広報や集客、効果をえるには、かなりの予算や規模が必要になります。プロジェクションマッピングの上映時間も、5～15分程度で終わる事が多く、映画のように2時間近く観客を待機させるコンテンツではありません。また、冬の開催であれば、さらに短くする配慮も必要になる場合があります。もし、長時間のコンテンツを準備することになれば、制作費が膨らむことになり、入場料を設定するなど新たな課題が生まれます。

単独では開催しくにい反面、年中行事(お祭り)に組み合わせることで、1回では終わらずに、毎年開催することが可能性も高くなります。

SECTION-06

プロジェクションマッピングの仕事

　プロジェクションマッピングというプロジェクトには、さまざまな仕事や役割があります。そして、企画の立ち上げから、準備、実行まで、一定の期間の間に、プレゼンテーションや会場などさまざまな場面において、いくつものタスクがあります。また、プロジェクションマッピングとして、建物に投影する映像以外にも、制作物もあります。

プロジェクションマッピングのタスク

　プロジェクションマッピングというプロジェクトでは、映像の制作が全てではありません。ここでは、プロジェクションマッピングの枠組みとして、仕事の種類や制作物を紹介します。プロジェクトにおけるタスクの全体像を把握しましょう。

　映像の制作以外に、仕事は大きく分けて「企画」「現場」「制作」の3つに分けることができます。そして、この3つにおける時間や労力の比重は「企画:50」「現場:25」「制作:25」程度と言えます。場合によっては、企画の比重がもっと大きくなり、制作の比重はもっと小さくなることやその逆もありえます。

　企画、現場、制作は、順序よく1つひとつ完了して次へ進むわけではなく、同時並行に進みます。企画がある程度進んだ段階で、より具体的なプランを計画し、見積りや業者の手配も進めなければいけません。

　クリエイターにとって、制作が25というのは、納得できないかもしれませんが、制作するためには、企画と現場が整わなければいけません。地道な作業を積み上げていき、制作できる環境が整います。完了したプロジェクトを振り返れば、そのような印象を持つ事が多いと言えます。

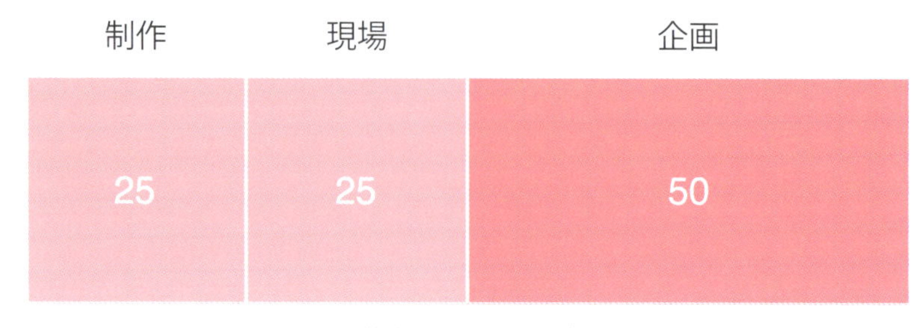

仕事の配分イメージ

◆企画

大規模なプロジェクションマッピングを実現するためには、予算や人が集まらなければプロジェクトは始まりません。そのために、企画が最も重要になってきます。企画の内容が良ければ、実現するための魅力やメリットが資金を出すスポンサーや許可を出す役所に伝わり、実現性が高まります。また、映像制作にとっても、企画は重要な存在です。

クリエイターは、ゼロから何でも作り出せる万能な存在ではありません。どういう魅力が引き出せるか、どのような表現が適しているかを考える根幹に企画があります。つまり、企画段階でどれほど具体的なイメージができているかによって、最終的な映像制作の質も大きく変わってきます。企画段階で、ある程度の成功が見えると言っても良いでしょう。したがって、企画者の仕事の質や判断が、映像の質を大きく左右することになります。企画の主な仕事は、次のようなものがあります。

- 企画書の作成
- 入札等仕様書の作成
- 予算の交渉
- 見積りの作成
- スケジュールの調整
- 人、業者の選定

◆現場

企画書を作る前に、現場を見て考える事が重要です。インターネットを使い、建物や場所をイメージ検索することは簡単ですが、実際に建物の前に立ち、人間の目線で考え、現実的な計画を練ることが実現性を高めます。

現場では、どの場所にどのプロジェクターを配置するのか、誰にお願いすれば設置許可がとれるのかなど、実務レベルでの仕事になります。現地調査を通じて、写真撮影や距離の計測、建物が目立って見える視点(ビューポイント)の確認を行います。何度かの現地調査の中で、業者を交えての立会や条例の確認や許可の申請などで役所との交渉に必要な事項も確認します。また、企画書のプレゼンテーションや制作に使うための写真素材を撮影します。

現地調査を通じて、見積りを行い予算の範囲におさまるのか、予算を超える場合は規模や企画の修正を行う可能性もあります。現場から振り返って、企画に反映させる部分があります。企画と現場のやりとりを数回重ねていくこともあります。

スケジュールや機材の使用に余裕があれば、本番の前に映像の試写を行い、プロジェクターの明るさや映像表現が効果的なのかを確認することができます。その明るさや効果については、経験則に頼るのではなく、実際の現場で同じ環境で体感するべきです。環境要因が複雑すぎて、推測するのは非常に困難と言えます。現場の主な仕事は、次のようなものがあります。

- 現地調査
- 業者との現場打ち合せ
- 撮影
- 計測
- 機材の設置、調整
- 足場の設置
- 電気工事
- 土地や施設の管理者と交渉
- テスト投影
- 警備員、スタッフの配置
- 導線、運営方法の確認、指示

◆制作

現地調査での印象や撮影した写真素材をもとに、制作が始まります。ただし、最初から映像を制作する必要はありません。企画書は、紙またはデータ(PDF)でやりとりされることが多いため、動画より静止画の方が役に立ちます。

建物の周辺環境を含めて、完成イメージを静止画で数点制作します。その完成イメージを企画書に盛り込み、クライアントや関係者と完成イメージを共有していきます。イメージに問題がなく、さらに進行すると絵コンテ(ストーリーボード)の制作にとりかかります。瞬間的なイメージから、全体の流れや時間を共有するために、絵コンテが必要になります。映像全体のイメージを共有して、クライアントに確認してから、映像の制作にとりかかります。制作の主な仕事は、次のようなものがあります。

- 現場写真のレタッチ・加工
- 素材になる画像やグラフィックの制作や加工

- キーイメージ(静止画)の制作
- 絵コンテの制作
- イメージ映像(プレゼン用サンプル)の制作
- 動画の編集、制作
- 本番投影用映像の制作

制作物

プロジェクションマッピングに投影する映像以外にも、制作するものはいくつもあります。前の項目では、仕事の概要と項目をあげましたが、ここでは制作するものをまとめました。主に、企画資料つまりプレゼンテーションに必要な制作物と、プロジェクションマッピングの投影に必要な制作物に分かれます。

企画資料としては、まずプランのキーイメージが必要になります。キーイメージは、企画書の重要な素材になり、絵コンテや動画を作る上でのスタート地点になります。キーイメージの意図、コンセプトの説明を企画書の中で行います。企画書には、企画の趣旨や運営計画(方法やスケジュール)、予算の計画(見積り)について盛り込むと良いでしょう。また、企画書の提出の段階か、企画書が通り、実際の制作がスタートした初期の段階で、制作における計画として、絵コンテもしくはプロジェクションマッピングの全体イメージが伝わる映像を制作して、プレゼンテーションを行います。制作に無駄が起こらないように、イメージの方向性を確認して進めましょう。

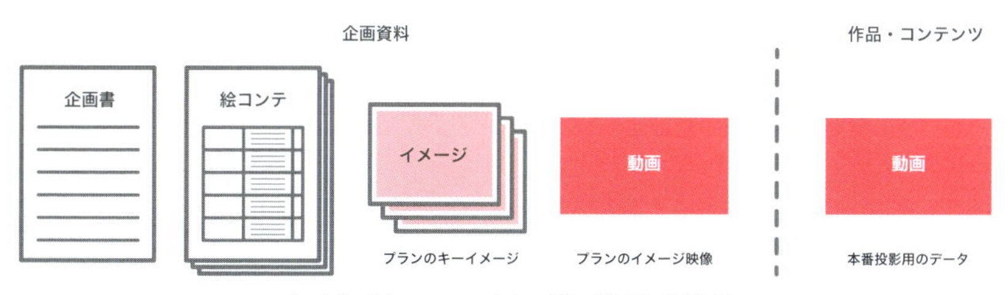

プロジェクションマッピングに必要な制作物

本番投影用の映像データは、絵コンテやプレゼンテーションの内容に沿って、直前まで制作を進め、完成度を高めます。もし、試写が行える場合は、映像の明るさ、色彩、表現の効果などを確認するために、試写用に編集した映像を準備する必要があります。

この他には、入札に関わる資料、見積り、事務的な資料の作成、広報に必要なチラシや資料も考えられます。

SECTION-07
プロジェクションマッピングのチームワーク

プロジェクションマッピングのプロジェクトでは、タスクが多岐に渡るため、1人で完結することはありません。また、プロジェクトの規模(建物、機材、期間、予算、利害関係者など)によって、関わる人間の数、つまりチームが大きくなります。

チームワークによる制作になれば、各人が専門の能力と役割を持ち、コミュニケーションを取りながら、効率的な作業を進める必要があります。

監督(プロジェクションマッピング・ディレクター)

プロジェクションマッピング及び映像制作などクリエイティブな面をまとめる役割です。全体を統括する立場を設定することで、さまざまな建物や表現手法、クライアントに対応しやすくなります。

求められる能力は、プロジェクションマッピングの一連の制作行程や現場対応の経験を持ち、プロジェクト全体を把握する能力です。そして、監督の主な仕事は次の通りです。

◆ヒアリング

クライアント及び広告代理店などに、どのような考えやニーズがあるのかを引き出す仕事です。ヒアリングすることで、どのような手法やコンテンツにするのか等、プロジェクトの方向性が決めることになります。また、クライアントとコミュニケーションを取ることで、円滑にプロジェクトを進行することも重要な役割と言えます。

◆制作のマネジメント

プロジェクトの規模や方向性に対して、どのようなチームメンバーで取り組むのかを決める役割があります。プロジェクト毎に人選を行い、チームを作り、プロジェクションマッピングの方向性(ストーリー、手法・技術)、クオリティとスケジュールそして制作チームの予算管理をしていきます。制作、プレゼンテーション、現場に立ち会います。

◆ プレゼンテーション

クライアントや広告代理店の担当者へオリエンテーション・ヒアリングを行い、情報をまとめ、プロジェクションマッピングの方向性を決め、プレゼンテーションをします。そして、各クリエイターに制作の指示を出して、制作が進みます。制作と交渉の役割を分けることで、それぞれ性質が異なる仕事に集中することができ、効率的な制作が進められます。

絵コンテやキーイメージの制作を行い、プレゼンテーションを通じて情報共有を行います。

映像制作

映像コンテンツを制作する役割です。また、さまざまな素材(アニメーション、実写、3DCG、サウンド)を取りまとめ編集して、本番用の映像データに書き出します。映像全体のタイミングやシークエンスを決める中心的な仕事と言えます。求められる能力は、映像におけるさまざまな手法やアプリケーションを把握して、映像を編集できることです。

◆ アニメーション

素材にモーションやエフェクトを加えて2Dアニメーションを制作します。動画編集ソフトAfter Effectsを使って、制作と編集を進めていくことになります。そして、After Effectsを通して、映像コンテンツを集約していくことがあり、重要な役割になります。

●アニメーション素材の例

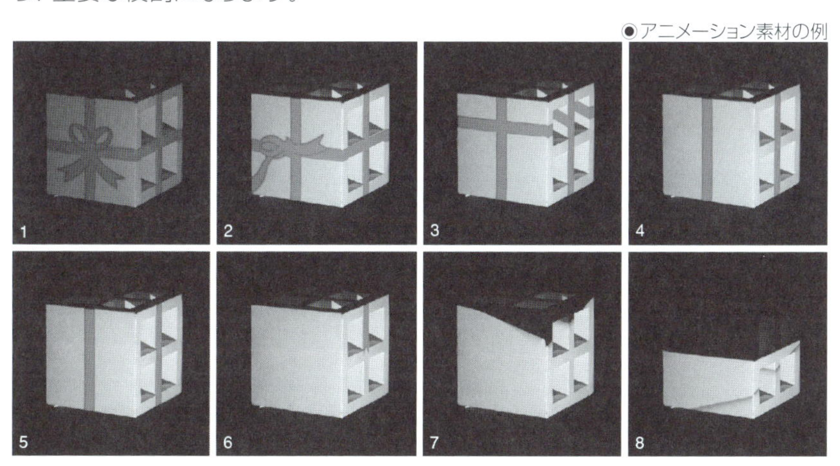

◆実写

デジタル一眼レフやフルHDビジョンビデオカメラなどを使って、静止画及び動画を撮影する役割です。また、パソコンへ取り込み編集して、映像コンテンツの素材として仕上げる行程があります。カメラや照明の使い方や撮影に使うモチーフ（人や物）の扱いなどの知識と経験が必要です。編集には、動画編集ソフトのAfter Effects、Premiere、FinalCutを使います。

●実写素材の例

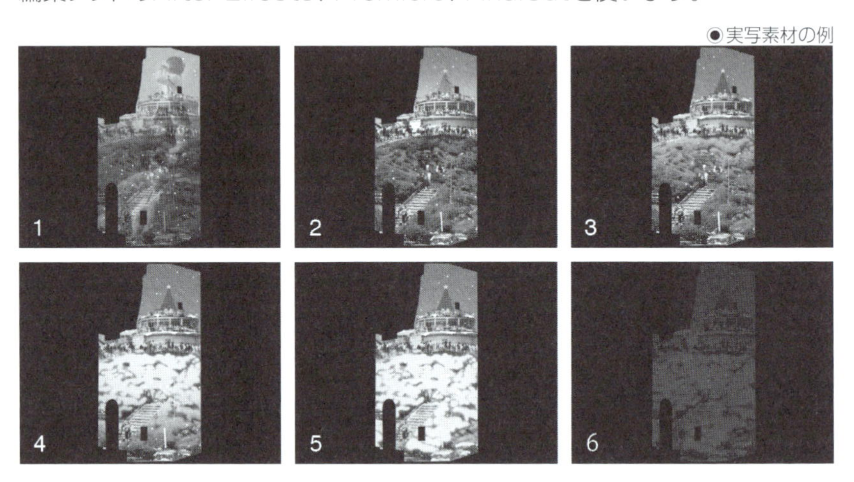

◆3DCG

3DCGソフトを使い、モデリングとアニメーションの制作を行います。3ds MAX、CINEMA 4Dなどのソフトを使い制作することが多いです。プロジェクションマッピングを行う建物自体のモデリングや崩れる、回転するなどの3D効果、登場するキャラクターのモデリングとモーションの編集を行います。

ハイスペックなマシンや3DCGソフトが求められ、レンダリング時間も非常に長く必要となり、モデリング、テクスチャの制作、ライティング、モーションの設定など、工程数が多いことが他の映像制作との違いと言えます。また、専門的な知識や能力も異なるため、専門の担当者を設定するべきです。

◆サウンド

音楽や音響を制作する役割です。プロジェクションマッピングのイメージから、リズムやメロディ、楽器などを考慮して作曲していきます。映像コンテンツの長さに合わせるため、映像制作が終了してから、音を入れる流れになることが多いでしょう。

すべてのプロジェクトが、サウンドが必要というわけではありません。公共空間でプロジェクションマッピングを行う場合は、音が出せないまたは音量を制限するなど制約があることが多いです。

現場管理

イベント会場の現場を管理運営する役割です。企画全体を把握して、機材の設置場所から、観客の導線、映像を再生するタイミングなど、運営方法を検討して実行する必要があります。また、電気工事の手配や映像を投影するためのテクニカルスタッフの配置など、さまざまなスタッフと調整が必要になります。

◆ イベントプランナー・プロデューサー

プロジェクションマッピングをビジネスとして企画提案する役割です。クリエイティブとビジネスの両面を理解して、バランス感覚を持ち、交渉力や提案力が求められます。クライアントとクリエイターをつなぐ重要な役割です。両者のメリットや魅力をマッチングして、交渉していきます。

◆ 機材オペレーター

プロジェクションマッピングの規模が大きくなると、プロジェクターや再生用の映像機器は、業務用のものが多くなるため、専門の機材オペレーターが必要になります。

プロジェクターは、機材設置、電源の立ち上げ、レンズ取り付けから始まり、台形補正、レンズシフトなどの画像調整があります。プロジェクトによって、開催期間の長さも異なるため、映像再生機器の選定や設定も重要です。

また、一度に見る観客の数が多くなると、運営側が人の流れや上映時間の管理をすることがあり、映像再生の操作を対応します。

◆ 現場監督

プロジェクターの設置を含めた現場での対応を管理する役割です。映像機器、音響、電気工事、足場などの各業者を調整します。現場が公共空間や貸しスペースである場合は、時間的な制約があることが多く、事前に施工の工程を把握して、円滑に現場作業を進める必要があります。必要に応じて、建物の持ち主や役所など、条件の確認や交渉を行うことがあります。

SECTION-08

プロジェクションマッピングのハードウェア

プロジェクションマッピングは、さまざまなハードウェア(機材)を使い、映像を投影しています。また、映像を制作する上でも、さまざまなハードウェアを使います。

プロジェクター

プロジェクションマッピングにおいて、最も重要なハードウェアです。その理由は、最終的な見え方の質を左右してしまうためです。良いコンテンツを作ったとしても、プロジェクターが必要なスペックを満たしていなければ、はっきりときれいな状態で映像を見ることや映像から意図を伝えることができません。

◆性能

プロジェクターは、ビデオやパソコンのデータを投影することができるディスプレイ装置です。ランプが内蔵され、それを光源にして映像を投影します。液晶ディスプレイとは異なり、スクリーンや白い壁に映像を投影するため、映像のサイズを自由に変更することが出来る点が特徴です。

その光の明るさは、ルーメン(またはANSIルーメン)という単位(lm)で表され、照度に投影面積をかけた値から算出されます。照度計という計測器具がありますが、メーカーによって基準や条件が異なるため、安易にルーメン数だけでは比較できない場合があります。

10年ほど前に比べて、3000ルーメン以上の比較的光量が高い機種が安価になり、個人が手に入れることができるようになりました。ルーメンの向上にしたがって、次に注目すべき性能は、解像度です。やはり、安価なタイプでは、映像の細かさにあたる解像度が、XGA(1024×768ピクセル)前後の機種が多いのが現状です。

プロジェクションマッピングのように、出来るだけ大きい面に映像を投影することを考えれば、映像の明るさと同時に細かさも十分に確保できれば、映像コンテンツで表現できる幅も広がります。

他の性能は、アスペクト比(幅と高さの比率)や映像の入出力端子の数が重要と言えます。アスペクト比は、大きく分けて2つあり、4:3と16:10(16:9)の2種類です。テレビは、ハイビジョンの方式に合わすように、映画と同じように16:9の横長に統一されています。パソコン用ディスプレイも同様です。しかし、プロジェクターは、16:9に統一されずに混在しています。建物や投影面の形を考慮して、性能が十分に発揮できるアスペクト比の機種を選ぶこともあります。

◆ 業務用プロジェクター

メーカーがビジネス用に販売しているプロジェクターを指します。映像表示の方式は、液晶とDLPそれぞれあります。業務用の特徴は、明るさが3〜4000ルーメン以上の大光量の機種が多く、一部の機種には、レンズを交換できるものがあり、さまざまな状況に対応できる仕様になっています。また、電源、映像入出力のポートと排熱ファンの位置が、前方や後方などに一方向に集中しており、常設設置を前提に設計されています。本体が大型の機種が多いため、角度をつけ移動させることは容易ではありません。そのため、映像を平行移動させるレンズシフト機能のように、映像の調整する機能が搭載されている場合があります。レンズシフトは、市販品の一部の大型プロジェクターにも採用されています。

◉業務用プロジェクター(写真協力:株式会社シーマ)

◆ 液晶プロジェクター

3枚のLCD(液晶)パネルにランプ光源の光を通して、映像を表示する仕組みになっています。その3枚は、RGB(赤、緑、青)それぞれの色に対して、1枚ずつ割当てられているため、映像の画質、階調がきれいに再現されます。手頃な価格の機種が多いですが、偏光板が劣化して数年で映像に黄ばみといった画質や階調の崩れがでやすいのが欠点と言えます。

◆ DLPプロジェクター

DLPは、テキサス・インスツルメンツ社が開発したデジタルミラーデバイス(DMD)システムを用いた映像を表示するシステムです。解像度と同じ数の細かいミラーがあり、そのミラーの角度を調整することによって、黒い映像は光が出ない、つまりダイナミックレンジやコントラスト比が高く、迫力があり鮮やかな映像が再現できます。しかし、家庭向けの製品では、1チップのタイプが多く、安価な分、美しい階調が再現されません。

しかし、液晶プロジェクターのように、偏光板の劣化といった画質に関わる消耗品が少ないため、寿命は比較的長いと言えます。業務用プロジェクターでは、3チップの機種がありますが、数百万円からというように非常に高額な機種になります。

◉DLPプロジェクター

パソコン

パソコンは、映像コンテンツやプレゼンテーションの制作、テスト投影、映像の再生などに使い、非常に用途が幅広い道具です。

◆ ノートパソコン

携帯できるため制作スタジオから現場まで持ち運べて使えることが非常に便利です。また、ディスプレイが内蔵されているので、現場で撮影画像の取り込み、編集、ネット経由で映像データの受信、編集をすることができます。しかし、処理速度やグラフィック性能の面で、デスクトップに劣るため、処理の重い仕事には向きません。

◆ デスクトップパソコン

ノートパソコンより、処理能力が高く、大容量のハードディスクを搭載することができ、デュアルディスプレイに接続して制作・編集するなど、作業環境や性能をカスタマイズしやすいです。その反面、パソコン本体がBOX型で大型であるため、持ち運びには適していません。

◆Mac

Macは、Apple社から発売されているパソコンのことです。そのオペレーションシステムOSXは、非常に操作性が高く、その体感速度も早くなるように設計されており、Macは、グラフィックデザイン系の業界には絶大な支持をされています。また、MacBook AirやMac miniなど携帯性が高い機種やRetinaディスプレイという高解像度ディスプレイを搭載したMacBook Proが特徴的です。

ただし、ノートパソコンやデスクトップパソコンの機種が限定され、選択肢が少ないことやWindowsのパソコンの性能に比べて割高な印象があります。

◆Windows

Windowsは、多数のパソコンメーカーやパソコンショップから、さまざまな価格、性能、用途、ニーズの機種が販売されています。そのため、Macに比べて、安価で高性能なパソコンを手に入れることができます。注目すべき性能は、さまざまなCPUとグラフィックボードの機種を選ぶ、またはさまざまな機能をカスタマイズすることができるのがWindowsの利点です。Macでは、グラフィックボードは、一部の機種に限られてしまいます。グラフィックボードは、3DCGソフトやAdobeのAfter Effectsの編集時に、グラフィックの表示を助けて、編集作業の効率化や高速化に貢献します。

映像プレイヤー

プロジェクションマッピングの映像を再生するために必要な機材です。開催の期間やオペレーターの有無によって、操作が煩雑にならないように、いくつかの選択肢を用意しておくべきです。

◆パソコンでの映像出力

実際に制作やテスト投影にも使用できるパソコンは、最も信頼できる映像プレイヤーです。細かい修正や設定変更も出来るため、計画した通りに、映像が投影できるのかを、まずパソコンで確認するべきだと思います。

しかし、パソコンは汎用的な用途に設計された機材であるため、映像再生の操作をするには、手順が多くなりがちです。もし、専門のオペレーターやパソコンに詳しいスタッフがつかない場合や開催期間が1カ月以上と長期間にわたる場合は、パソコンでの映像出力は負担が大きいです。

◆メディアプレイヤー

記録メディアを内蔵しない映像を表示するための専用機材です。汎用的な用途に対応できるパソコンとは異なり、映像を表示する単一の目的であるため、操作が簡素でリモコンで操作ができます。家庭にある機材だと、テレビにセットするHDDレコーダーの小型簡易版と言えます。さらに、記録メディアの内蔵していないため、USBメモリやSDカードを差し込み、映像データを読み込ませて設定することになり、データの変更も容易です。

パソコンによる制作環境と異なるため、事前の映像再生チェックは不可欠です。メディアプレイヤーの機種によって、対応する映像フォーマットや記録メディア、映像の出力端子が異なります。また、再生できる映像の解像度やアスペクト比も確認して、テスト投影するなど、環境変更による確認は必要になります。光ディスクを使わないため、プレイヤー本体が小型で、水平を取る必要もなく、設置が容易です。

◉メディアプレイヤーBrightSign(写真協力:株式会社シーマ)

◆BD/DVDプレイヤー

BD/DVDプレイヤーは、最もポピュラーな映像再生の機材です。常設やパッケージ化された展示においては、光ディスクの量産が簡単でバックアップの準備も容易です。また、映像はデジタルデータであるため、オリジナルデータをコピーしにくいというメリットもあります。しかし、短期間で、同時に1つの現場で展示であれば、光ディスク用にオーサリングやデータ圧縮して、ディスクに焼くことは、非常に手間がかかります。また、映像のフォーマットや解像度が固定されているため、変形の映像を扱うプロジェクションマッピングでは、扱いにくいという印象があります。光ディスクが回転して、データを読み込むため、プレイヤー本体が大きくなります。また、水平のとれた場所に設置しなければいけないため、設置場所の確保を念頭にいれる必要があります。

カメラ機材

対象となる建物、プレゼンテーション資料や映像コンテンツの素材を撮影するために、カメラはさまざまな場面で必要になります。

◆デジタル一眼レフカメラ

カメラの中でも、レンズが交換できる一眼レフタイプのデジタルカメラが非常に便利です。建物の周辺環境や目的によっては、レンズを交換することができます。例えば、道が狭く建物との距離が取れないため、広角レンズが必要になります。また、画像にレンズの歪みを反映させたくない場合は、離れた場所から望遠レンズで撮影した方がきれいな画像がとれます。

完成イメージや映像コンテンツの制作には、建物のきれいな画像が必要になってきます。最低でも、フルハイビジョン画質(1920×1080ピクセル)で建物全体をおさめる必要がありますが、市販されている1000万画素以上のカメラであれば解像度は十分です。

◆レンズ

デジタル一眼レフカメラは、さまざまなレンズに交換することができます。主に、標準レンズ、望遠レンズ、広角レンズ、マクロ(接写)レンズがあり、レンズの明るさや単焦点あるいはズームレンズなどの性能によって、価格帯もさまざまです。道幅や空間に限りのある街中で、建物全体を撮影したい場合は、広角レンズが役に立ちます。街並みを含めた建物の周辺をおさめたい場合は、標準レンズや望遠レンズで、建物の遠景をとることができます。また、室内やスタジオにおいて素材の撮影でマクロレンズが便利な場合があります。

◆三脚

建物を撮影する場合は、あとから加工をあまりしなくてもいいように出来るだけきれいな状態で撮影するべきです。つまり、水平がとれ、建物そして窓や柱のラインが傾いたり、歪んだりしないように、カメラを固定して撮影する必要があります。

また、素材の撮影、映像コンテンツを動画やコマ撮りでカメラを使う場合でも、あとからの加工作業を少なくなるように、三脚を使った撮影が便利です。

一部の三脚（マンフロット製）では、エレベーターになる棒を取り外し、横向きに棒を指し直すことで、真下へ撮影できる三脚があります。素材の撮影や動画、コマ撮り撮影に活用できます。

その他の機材

プロジェクションマッピングの中心となる機材は、プロジェクター、パソコン、カメラと言えますが、その他にも作業の効率化になる道具があります。

◆ペンタブレット

パソコンの入力装置の1つで、ペン型と板型のデバイスの2つがセットになります。ペン型のデバイスであるため、直感的な操作が行え、仕事の質も高くなる可能性があります。AdobeのPhotoshopでのビットマップ画像の編集やIllustratorのベジェ曲線の操作は、非常に細かく膨大な作業量になる場合があります。マウスやトラックパッドでは、細かい作業には向かず、体への負担も大きくなることもあります。例えば、建物全体の完成イメージを仕上げる場合は、建物と背景の境界を細かく切り取らなければいけません。

◉ペンタブレット

◆レーザー距離計

距離を計る装置です。数ミリから50メートルぐらいまで計測できる機種があり、建物との距離を計測するために役立ちます。建物とプロジェクターの設置予定場所との距離が、事前に把握できれば、適切なプランや見積りが出せることになります。建物からどの程度の距離範囲が確保できるのか、そして不可能なのか、可能な場合は、どういったレンズをプロジェクターに装着すれば良いのかを検討することができます。

SECTION-09
プロジェクションマッピングのソフトウェア

プロジェクションマッピングのイメージ（静止画、動画）は、さまざまなソフトウェアを使い、写真やグラフィックを加工し編集することを繰り返して完成していきます。

画像編集ソフト

イメージを作る上で、基本となるソフトです。動画やアニメーションを作る場合においても、静止画は素材として重要になります。また、カメラで撮影した画像は、撮影した状態のままで使うことは稀で、明るさ、色彩、形を加工して使います。そして、画像に含まれた形（建物、木、空など）だけを抽出して素材として使うこともあります。

◆ Adobe Photoshop

最も有名な画像編集ソフトの1つです。主に、写真やイラストなどの画像素材を加工編集することに使われます。基本的には、ビットマップつまり点の集合体である画像を加工（破壊）して、画像を変化させていきます。しかし、レイヤー、ヒストリーの機能、スマートオブジェクト、色調補正、マスクなどの非破壊編集を使うことで、一度加工をしてもすぐに後戻りすることや複数の画像パターンを簡易に作成することが可能です。

プロジェクションマッピングの制作では、プレゼンテーションに使う完成イメージの作り込み、本番に使う映像の素材を制作に利用すると効率的です。

◆ Adobe Illustrator

Photoshop同様に最も有名な画像編集ソフトの1つです。主に、ベジェ曲線（ベクトルデータ）の作成が行え、その操作性が高いことが知られています。細かい操作が可能なことに加え、解像度や画質を落とさずに、加工編集や保存ができる非破壊編集が基本になります。したがって、イラストやグラフィックの制作、文字や画像のレイアウトに向いています。

プロジェクションマッピングの制作では、建物の形状をベジェ曲線でなぞり、映像制作の基本データを作る時に活躍します。そして、映像の素材に使うグラフィックや文字の制作そしてそのレイアウトに使うことが多いです。

映像編集ソフト

写真やイラストなどの静止画を素材にして、アニメーションを作ることができます。また、ビデオカメラで撮影した実写映像を編集して、映像を完成させます。アニメーションやエフェクト効果の追加、映像の編集など、それぞれの制作に特化した映像編集ソフトがあります。

◆ Adobe After Effects

最も有名な動画編集ソフトです。特に、アニメーション、モーショングラフィックス、エフェクト効果、映像合成などを得意としています。Photoshopと同じように、動画、静止画(写真、グラフィック)を素材にして、アニメーションやモーショングラフィックスのような動きをつけることができます。また、有償・無償のプラグインが多数開発されており、パーティクルや3Dの効果を容易につけることができます。動きや加工の設定を行い、レンダリングをして書き出します。最もパソコンの性能(CPU、メモリ、グラフィック)が必要となるソフトウェアの作業になります。

プロジェクションマッピングでは、映像や画像の最終レイアウト、建物の形のマスク、映像のシークエンス(カット)をコンポジションにまとめて、本番用のデータに書き出すことに使います。

◆ Adobe Premiere

Adobeが開発している動画編集ソフトです。PremiereはWindows、Mac両対応しています。Final Cut同様に映像の加工編集が行えます。Windowsのハイエンドの動画編集ソフトは、高額の業務用ソフトがありますが、PremiereはCreative CloudやCreative SuiteなどのAdobeのパッケージに含まれているため、比較的に手頃で身近なソフトウェアです。

◆ Apple Final Cut

Appleが開発したMac向けの動画編集ソフトです。ビデオカメラで撮影した実写映像をFinal Cutで取り込み編集を行います。動画の一部を選択して切り貼りし、順番を変えるようなカット編集を得意としています。映画のような長い映像ではあれば、Final Cutで映像をまとめていくと便利です。

複数の動画を合成する場合は、プレビューや書き出しのレンダリングの速度が非常に早いため、プロジェクションマッピングでは、別のソフトで制作した3DCGやアニメーションをまとめていく時に活躍します。

その他のソフト

プロジェクションマッピングにおいて中心となるソフトウェアは、画像や動画を編集するソフトですが、その他にも作業の効率化になる道具やフリーのソフトウェアがあります。

◆プロジェクションマッピングソフト

プロジェクションマッピング用ソフトがあります。これは、建物の形に合わせて映像を加工できることや映像コンテンツを選択して再生させるなどの機能があります。映像のオペレーションやスイッチング、再生ソフトとして活用できます。そのため、映像コンテンツは、素材を別途準備するまたは制作する必要があります。

現場作業に十分な時間が取れない場合、映像の調整や映像再生の管理などに役立つでしょう。プロジェクターの事前の設置、試写など計画的に準備が行えれば、必ず使用する必要はありません。

例えば、プロジェクションマッピングのコンペなど、複数の映像制作者が参加して、映像コンテンツが多く、切り替える機会が頻繁になる場合は活用できます。また、舞台上でプロジェクションマッピングを使うといった状況が変化して、対応が求められる現場でも活躍が期待されます。

注意点は、ソフトの機能によっては、ハイスペックなパソコンが必要になります。たとえば、グラフィックボードを搭載したパソコンなどスペックの指定があります。また、ソフトの仕様によっては、映像の出力サイズが小さい場合あります。

また、映像データの画質を落として、軽いデータでないと映像が扱えないこともあります。最終的に、映像の画質が下がる可能性があります。主なプロジェクションマッピングソフトは、次のようなものがあります。

MadMapper

modul8

ArKaos

◆フリーソフト

パソコンや映像・グラフィックの経験が無く、これからプロジェクションマッピングを始めたいという人や学生にとって、お金がかからないフリーソフトが役に立つかもしれません。

◉ Illustratorの機能に近いフリーソフト

- Inkscape
- LibreOffice Draw

◉ Photoshopの機能に近いフリーソフト

- Gimp
- Photoshop Express Editor

無料ですが、使っているパソコンのOSやスペックに対応しているか、Web上で動作するソフトもあるため、インターネット回線があるのかなど、環境の整備も必要になります。

プロジェクションマッピングを制作する場合、画像・映像編集ソフトでは、特に次のような機能が必要と言えます。

ビットマップ画像編集ソフト …… レイヤー構造の編集
ベクター画像編集ソフト ……… ベクトルデータ・ベジェ曲線の編集
動画編集ソフト ………………… 解像度と縦横比率のカスタム設定、映像の自由変形(コーナーピン)機能

各ソフトウェアにおいて、以上のような機能があれば、プロジェクションマッピングの基本的な要素を制作することができるでしょう。しかしながら、紹介した有料ソフトであっても十分と言い切れるわけではなく、ソフトウェアという道具をいかにして利用するか、使い手のアイデアが試されていると言えます。

CHAPTER 2

プロジェクションマッピングの企画

SECTION-10
プロジェクトを実現するための企画立案

プロジェクションマッピングの映像を制作することは、それほど難しいことではありません。しかし、予算を確保して、実際に建物へ映像を投影し、イベントを運営することは、決して簡単なことではありません。

もちろん、室内で卓上の模型や空間でプロジェクションマッピングを制作することができます。しかし、話題性があり、より多くの人々が見て楽しめるような規模のプロジェクションマッピングはすぐに出来るものではありません。なぜならば、規模が大きくなれば予算が必要となり、公共空間で行うには許可が下りなければ成り立ちません。

そのためには、しっかりとした企画を立てる必要があります。良い企画が出来なければ、予算の確保、公共空間の許可、映像コンテンツの制作など、さまざまな面で行き詰まる可能性があります。

企画の立ち上げ

プロジェクトをスタートさせる機会は、大きく分けて2種類あります。「提案」と「依頼・募集」です。そして、それに関わる大事な要素は、誰と組んで企画を進めるのか、つまりパートナーを設定することです。

◆ 提案

提案とは、企画者からクライアントへプレゼンテーションを行う提案型の手段です。場所を決めて、企画を考えて、メリットのあるクライアントに対して提案を行い、予算を確保して、実現する方法です。正攻法と言えますが、最も難易度が高く、ハードルの数も多い方法です。

企画段階では、開催が前提でないため、あまり多くの人々が関わることができず、少数精鋭で企画を考えることになります。また、質の良い企画を立てなければ、受け手のクライアントを説得することはできないでしょう。そして、企画に対して、クライアントのメリットがあるのかなど、クライアントを分析する力も求められます。場合によっては、プロジェクションマッピングと既存の広告メディアやイベントを組み合わせるなど、柔軟な提案が行えるかが試されています。

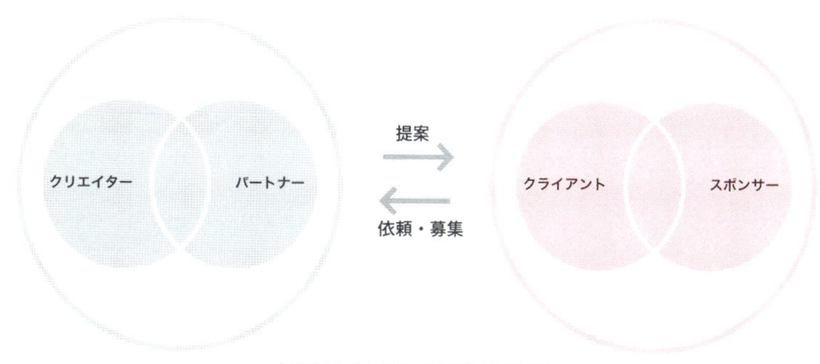

提案と依頼・募集の関係

クライアントから、企画・制作者へプレゼンテーションを求める募集型です。行政が主催する場合は、入札という形式で募集があります。また、プロジェクションマッピングの募集という形ではなく、地域の祭りや催し物のような事業であっても、決められた事業予算の中で、提案することが可能でしょう。

役所のホームページには、企画の主旨が公開され、募集要項がダウンロードできることがあります。入札は、参加の基準があるため、個人ではなく広告代理店や企業が参加することになるため、パートナーの存在が重要になってきます。

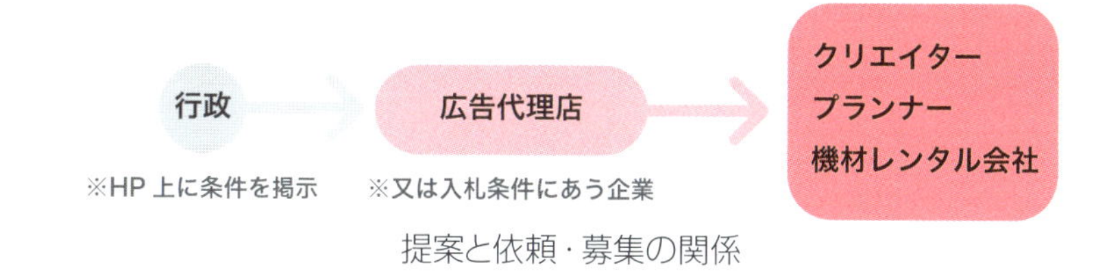

提案と依頼・募集の関係

企業の場合は、プロジェクションマッピングが制作できる会社やクリエイターを探していることがあり、依頼が発生することがあります。入札では、事前に企画主旨や予算などが決まり、書類化されますが、企業との場合は予算や規模も含めて、提案や交渉の中で決めていかなければなりません。制作以外にも、予算確保や交渉ができるパートナーが必要になるでしょう。

この他には、プロジェクションマッピングの映像やクリエイターなど、個人や作品を募集するコンペ形式の募集もあります。制作するための素材やフォーマットが公開されており、所定の形式で制作して、プロジェクションマッピングに参加できるコンテストもあります。

◆ パートナー

企画段階においても、誰と組んでプロジェクトを進めるのかが重要です。それによって、どのような面(私たちの強み)を押し出して、提案を行うのかが変わってくるでしょう。

例えば、プランナー、クリエイター、機材レンタル会社、広告代理店などの2者以上が組合わさって、企画の発起を行います。また、行政の入札のような応募者に条件がある場合は、広告代理店のようなある程度の規模がある企業がパートナーになる必要性がでてきます。

ターゲット

プロジェクトのターゲットを明確に設定することで、プロジェクションマッピングのコンテンツ、ロケーション、ビジネスモデルを想定した企画の提案を行います。ターゲットは、1者だけではなく、依頼主、観客、お金・機材・人材を出す企業など、いくつかの側面から設定することができます。

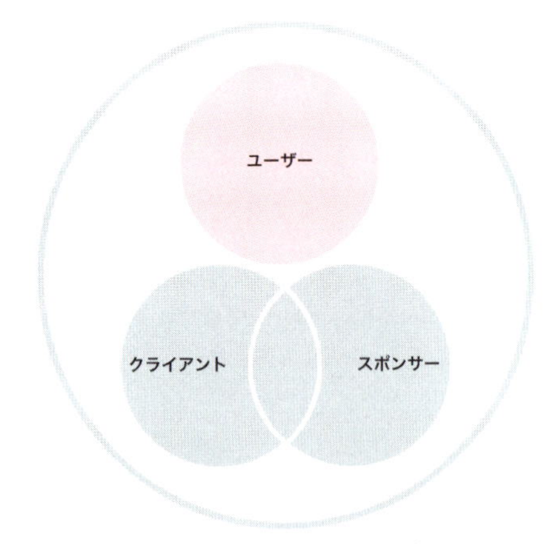

ターゲットのイメージ

◆ クライアント

企画を提案する先の企業や自治体のことを指します。また、イベントの主催になり、運営や制作の資金を出します。または、資金を集める方法やビジネスモデルの企画を行います。

◆ ユーザー

プロジェクションマッピングを見る観客のことを指します。イベントの主旨や場所によっては、観客の種類や性質(目的、趣味趣向、予備知識)が異なります。

◆スポンサー

資金を出す企業や自治体のことを指します。クライアントと重複することがあります。主催や企画はせず、資金を出すことに特化したクライアントと言うことができ、協賛や広告主という立場になります。観客から、入場料をとる場合は、間接的にユーザーもスポンサーになることもあります。

スケジュール

プロジェクションマッピングは、予算規模が大きくなると、企業や行政など関係者も多くなる可能性が高くなり、より計画性が求められます。予算やイベント開催、企画・制作の期間を考えれば、スケジュールは非常に重要な要素と言えます。企画が確定しやすいのは3～4月になり、イベントの開催は8～12月に多くなる印象があります。

企画の立ち上げから開催までは、3カ月、6カ月、1年ぐらいの期間で行われることが多いでしょう。予算が大きければ、期をまたぎ1年以上の期間が必要になることもあります。企画、現地調査、見積り、プレゼン、制作、テスト投影、告知、施工・設置を考えれば、3カ月の期間であったとしても、週ごとに次のステップへ進んでいかなければ間に合いません。

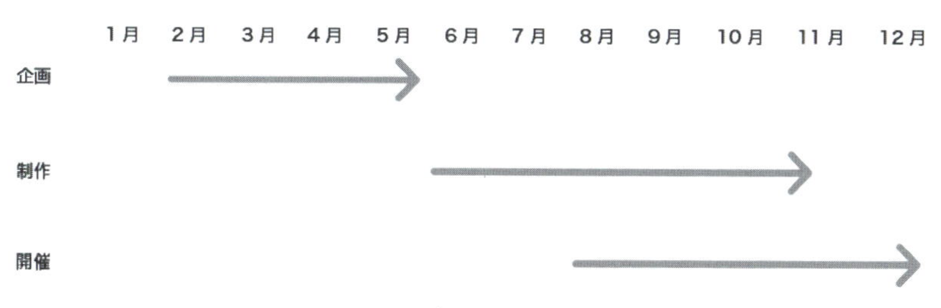

スケジュールの流れ

◆企画

企画の決定時期が、3～4月になることが多いのは自治体や企業の年間予算が確定するためです。予算が小規模であれば、どのタイミングでも企画を立ち上げることは可能ですが、予算規模が大きくなれば、次年度予算に盛り込んで進むため、3～4月に確定する可能性があります。

企画書には、コンセプト、プロジェクションマッピングの完成イメージ、予算の概算が必要になります。事前に、ロケハンを行いイメージの制作をするために、最低でも1カ月程度の準備期間を用意しなければいけません。

提案型の企画であれば、一度提案してから、再度クライアントの要望にあった場所や企画など再提案を求められる場合があり、企画の提案回数が数回に及ぶ場合があります。

◆制作

制作期間は、企画書段階の制作から含めると、3カ月程度が目安と考えます。制作には、大きく分けて3つのステップがあり、イメージ、絵コンテ、映像の制作になります。プロジェクトの規模(予算、関係者の数)や開催まで期間が短い場合は、この3つのステップが簡素化される可能性があります。特に絵コンテが省かれることもあります。

逆に、予算や時間的な余裕やクライアントの意向によっては、3つのステップ以外にも、投影する動画のサンプル映像、建物に映像を投影したシュミレーション映像を求められることがあります。制作側にとっては、参考や実験になるとはいえ、予算が限られている場合は、本番用の映像以外に制作するものを減らす傾向があります。

イメージと絵コンテは、企画における制作と言え、映像が主な制作になります。企画における制作では、常に制作をしているわけではなく、プレゼン直前に制作が集中することになります。映像の制作では、開催直前の1週間から1〜2カ月の期間で制作することがあります。

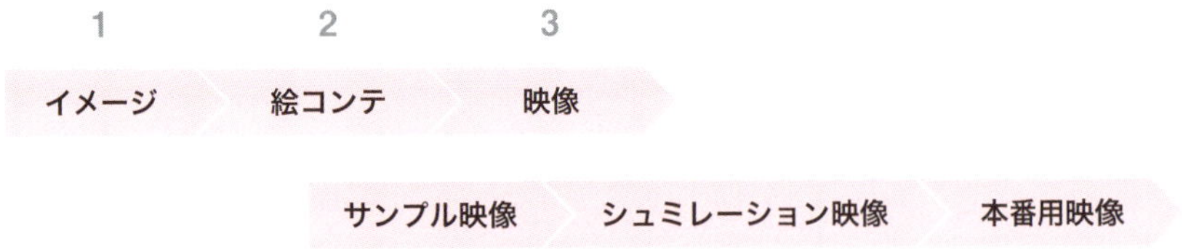

1 イメージ → 2 絵コンテ → 3 映像

サンプル映像 → シュミレーション映像 → 本番用映像

制作物の流れ

◆開催

開催時期が、8〜12月に多くなるのはいくつかの理由があります。夏は、日没が遅く空が暗くなるのが、7時半から8時ごろになります。しかし、気温も下がり過ごしやすく、夏祭りや花火大会など家族や地域向けの夜のイベントが慣例的にあり開催しやすいでしょう。

秋は、日中も過ごしやすくなるため、活動的になり催し物やイベントも多くなる時期です。日が短くなり始め、日没が6時前後になるため、日没の遅い夏に比べて、夜のイベントに人を導入しやすいでしょう。

冬は、日没が早く5時過ぎに暗くなり始めます。クリスマスもあり、イルミネーションやライトアップなど夜に映えるイベントが多く開催される時期です。最もプロジェクションマッピングと親和性がある季節と言えます。3〜4月も、桜の花見の季節であるため集客はありますが、まだ夜はかなり冷え込む時期にもなるため、夜9時までにするなど、よく企画を練る必要があります。

また、季節や地域によって、日の入りの時間は大きく異なります。日の入りを過ぎると、空が真っ暗になるわけではありません。そこから、30〜60分ほど経てば、映像を投影しても見える状況になります。そして、その場所の標高や地形によっても、さらに空が暗く感じる時間は変わってきます。場合によっては、日の入りから、9時ぐらいまで開催することがよくあります。

大人向けのスポットや管理上の問題がなければ、深夜0時程度まで行うことも考えられます。

●日没(日の入り)時間

月	北海道	東京	愛知	大阪	福岡	沖縄
1月	16:10	16:38	16:51	16:58	17:21	17:49
2月	16:46	17:08	17:20	17:27	17:49	18:12
3月	17:23	17:36	17:47	17:53	18:14	18:30
4月	18:00	18:02	18:13	18:19	18:38	18:46
5月	18:35	18:27	18:37	18:42	19:01	19:01
6月	19:07	18:51	19:01	19:02	19:23	19:17
7月	19:18	19:01	19:11	19:15	19:33	19:26
8月	18:57	18:46	18:56	19:01	19:19	19:17
9月	18:11	18:10	18:20	18:26	18:45	18:50
10月	17:17	17:26	17:38	17:43	18:04	18:17
11月	16:28	16:47	16:59	17:05	17:27	17:48
12月	16:01	16:28	16:41	16:47	17:10	17:37

※ 毎月1日の時刻を基準にしています。
※ 2015年の日の入りの時間です。
※ 北海道は、札幌市を基準にしています。

SECTION-11

実現性を高める ロケーションハンティング

ロケハン(ロケーションハンティング)は、プロジェクションマッピングの場所を実際に確認することで、現場の状況を把握することができます。画像や資料だけで知るのではなく、足を運び、建物そしてそのまわりの環境を確認する必要があります。もちろん、Googleマップやストリートビューで、遠距離の場所であっても、すぐに建物の位置や画像を簡単に確認することができますが、歩行者の目線で状況を確認することがとても重要です。

企画書の作成、映像の制作、機材の設置にも、ロケハンで得た情報や写真が必要になってきます。建物の詳細から、周辺環境に至る部分を撮影して、写真資料として残します。また、可能であれば、実測をして、建物や環境のスケール感を把握して、実現性を検証していきます。

場所の条件

どのような場所で、プロジェクションマッピングを行うか検討するにあたって、考慮すべき要素がいくつかあります。制作側にとって、まず考えられるのが、映像が綺麗に映る建物なのかという点です。これは、コストにもつながります。運営側にとっては、見る場所が確保出来るのかが重要です。建物から遠すぎて見えにくい、同時に多くの人が見えないなど問題になります。

もし、イベントや広告として考えると次のような要素が必要になってきます。注目度があり、アクセスがしやすく、スポンサーとの関係がある建物や場所なのかということです。また、多くの人が見える場所、さらに出来るだけ遠くから見える場所であると良いでしょう。広告、告知という要素が求められるからです。逆に、遠くから目立ちすぎると、交通や安全性、景観の点で対応が求められることがあります。

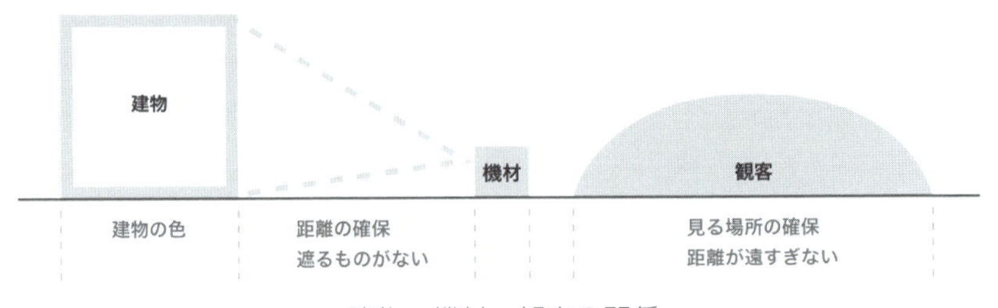

建物、機材、観客の関係

次の図には、場所の選定に関わる8つの要素をまとめたものです。そして、大きく分けて2つのグループがあります。トライアングルに結ばれている3要素（映像が映る建物、距離が確保できる、機材が設置できる）は、技術的または物理的な要素です。それ以外は、企画や告知に関わる要素だと言えます。これらの要素を総合的に判断して、場所の選定を行っていきます。

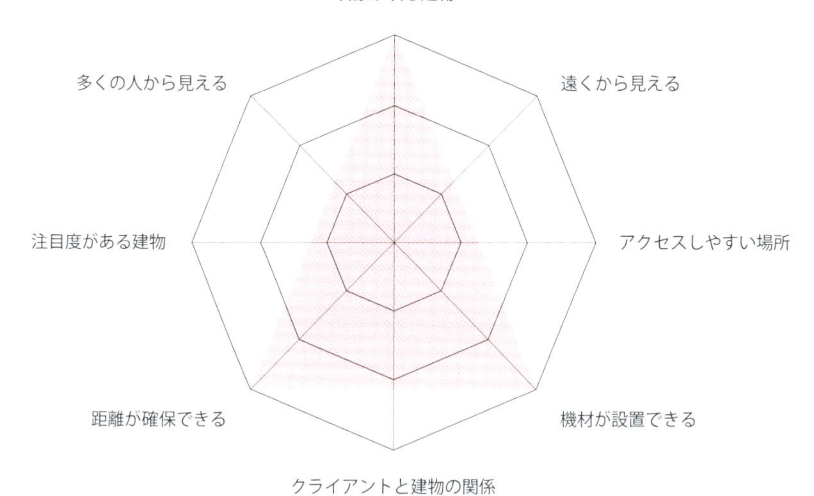

場所の選定に関わる 8 要素

撮影

建物の全体と詳細、周辺の環境を含めた近影、遠影を撮影する必要があります。その写真は、プロジェクションマッピングの企画を検討するための参考資料になるとともに、それを元に完成したイメージ（キーイメージ）を制作して企画書に盛り込みます。

誠実なプレゼンテーションを行うためにも、過剰な演出にならないように客観的なイメージが優先されるべきでしょう。そのため、写真の撮影の方法にも注意すべき点があります。また、歪みのあるイメージは、プロジェクションマッピングのキーイメージを制作する時に、作業の手間を増やすことにもつながります。

◆撮影すべき写真

- 建物全体がおさまった近影
- 建物全体とその周辺環境を含めた遠影
- 建物の詳細（装飾や形がわかる）写真を多数撮影
- プロジェクターの設置予定場所から撮影
（建物全体がおさまった近影か、投影面をクローズアップした写真）
- 同じ場所で、昼と夜の写真を撮影
- 建物や機材設置場所の状況を撮影
（足元の状況、電源・配線経路、障害物の有無などの確認）

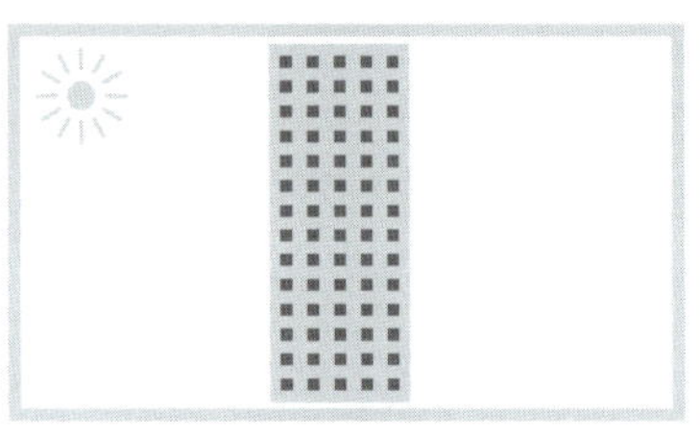
建物全体、昼のイメージ

建物全体、夜のイメージ

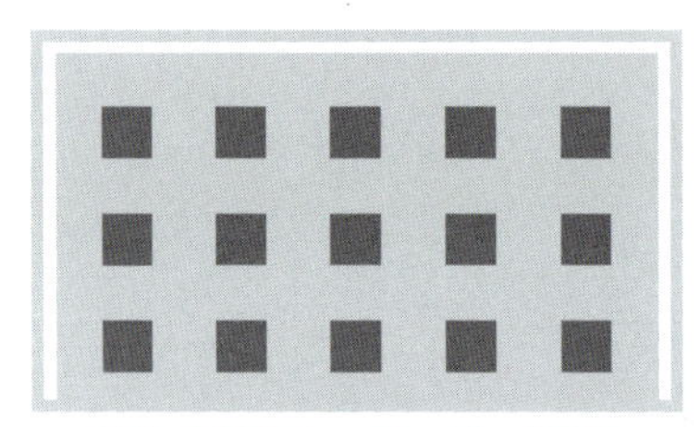
建物の設置場所から見た映像の投影面

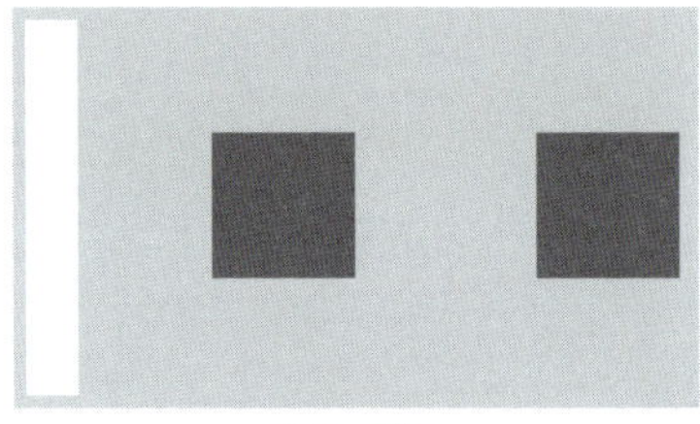
建物の詳細

建物全体と周辺環境

機材設置場所の状況

昼と夜の状況を撮影するため、夕方に撮影を行うことをオススメします。また、日差しが強い日や正午の時間帯ではなく、曇りの日や夕方の時間帯の方が、光が優しく建物の陰影が強く出にくいため、素材として使いやすいです。しかし、建物の形状がわかりにくい場合は、日差しの強い日や正午に撮影する方が良いこともあります。

日没後には、昼間には気にならなかった街灯や光る看板などが確認することができます。夜の状況も注意深く観察して、撮影しておく必要があります。

また、水平が取れた写真を撮影するためにも、三脚を使いカメラを固定して撮影を行う方が、Photoshop上での加工作業の効率があがります。

◆ 写真撮影のポイント

- 解像度が高い(1000万画素以上のデジタルカメラで撮影)
- 歪みの少ないイメージを撮影
  (ズームレンズの場合は、出来るだけ望遠にする)
- 画像の中心に、建物を配置して、周囲の余白を多くとり撮影
- 適正露出で撮影(写真全体や詳細が黒や白で潰れないようにする)
- 建物全体がおさまる。または、真正面から撮影

制作する完成イメージの素材になるため、「良い撮影」をするべきでしょう。ここで言う「良い撮影」とは、加工に耐えるように解像度が高く、加工が行いやすく縦横の比率を確認できるように、歪みの少ないイメージを撮影する必要があります。

歪みがなく、客観的なイメージを撮影するためには、建物全体が確認できる可能な限り遠い場所から、望遠レンズで撮影することが望ましいです。

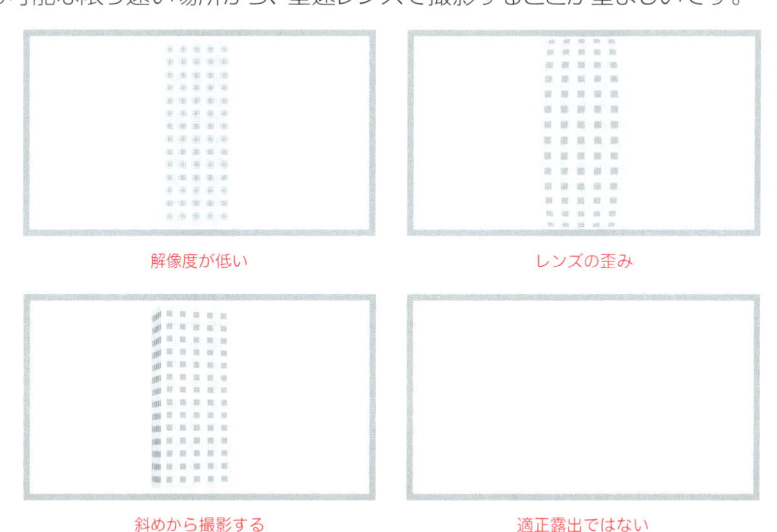

解像度が低い　レンズの歪み　斜めから撮影する　適正露出ではない

写真(右)は、望遠レンズで遠くから撮影した写真になります。歪みが少なく加工がしやすい画像です。写真(左)は、下からあおるような角度で、広角レンズで撮影しています。レンズの歪みが出やすいため、加工に適しません。ただし、周囲の環境を撮影するときは、広角レンズは役に立ちます。見上げる視点は観客の目線に近く、主観的な印象になりますが、演出的とも言えます。用途によって、使い分けが必要になります。

◉広角レンズで下から撮影した写真

◉望遠レンズで遠くから撮影した写真

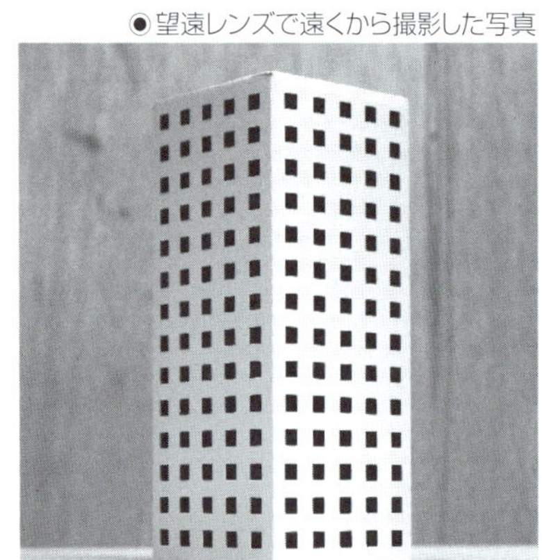

レンズと撮影する距離の例

◆ 天候、時間帯

理想的な撮影条件としては、曇りの日や夕方の時間帯など、建物の影が強く出にくい状況で撮影すると、建物表面の色や形がうまく撮影できます。建物の形状や方角によっては、夕方に影が出てしまうこともあるので、個別に検討が必要です。

日没前に、撮影を始めると、三脚でカメラを固定して、1～2時間の間に、昼と夜の姿を記録ができるため、一石二鳥と言えます。昼は、建物の壁の色味を記録するために撮影は必要です。夜は、周辺の照明や空間の明るさを確認するために、撮影が必要になります。

◆明るさ

カメラの設定(シャッタースピード、絞り、ISO感度、露出補正)を変えていくと、写真の明るさも変化していきます。人物の顔などは、明るく撮影すると、少し白飛びして綺麗に映ることはありますが、建物の壁の詳細を記録するため、少し暗く写真を撮影します。情報量が多くなるため、データ容量が重くなります。

屋外では、天候によってカメラの液晶ディスプレイが見にくい場合もあり、画面も小さいため確認がしにくいと言えます。3段階くらいの明るさを変えて、撮影すると、失敗が少なくなります。

少し暗めに撮影した写真も、あとからPhotoshopでレタッチを行い、適正な明るさに調整すれば、問題ありません。

SECTION-12

建物の大きさと投影距離の関係

実現性を高めるには、撮影だけではなく、建物の大きさを測定する必要があります。大きさを把握することで、映像の制作や機材の選定の検討材料になります。どのような性能のプロジェクターが何台必要になるかを検討することができます。そして、予算の見積りも出しやすくなります。

プロジェクターと建物の関係

測定する対象は「建物の大きさ」と「建物とプロジェクターの距離」の2つあります。建物の大きさは、横幅と高さを計測または算出して、プロジェクションマッピングとして映像を投影したい範囲が、実際にどれくらいの大きさなのかを把握します。それにより、プロジェクターの性能や明るさがどれくらい必要なのかを見積ります。

建物とプロジェクターの距離は、機材設置場所がどこになるかで決まります。そして、距離がどれくらい確保できるのかを確認します。それにより、どのような性能のプロジェクターのレンズが必要なのか、または、プロジェクター1台では無理な場合は、何台必要なのかを見積ります。距離に関しては、近すぎる場合が多く、距離がとれない課題があります。

◆ 測定に必要な道具

測定するためには、主にメジャーやレーザー距離計を使います。デジタルカメラや記録やメモをするための道具も準備します。

◉メジャー

◉レーザー距離計

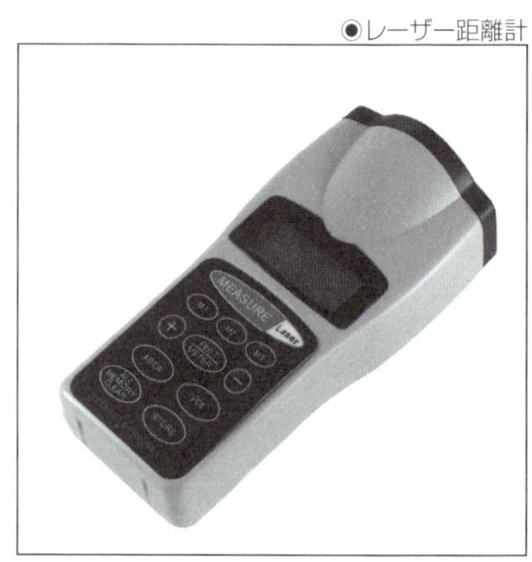

◆ 測定する建物の箇所

建物の大きさは、数十メートル以上になるため、実測することは難しいです。そのため、手が届く場所にある、重要な箇所や手頃なサイズのものを計測します。例えば、タイル、窓ガラスなどの大きさを測定すると、その数や比率から、建物全体のサイズを確認することができます。また、窓ガラスが高い位置にしかない場合は、建物内部から幅、高さを測ることも考えられます。

◆ 測定する建物とプロジェクターの距離

距離は、レーザー距離計を使うことができれば、非常に便利です。計測したい地点(プロジェクター設置予定場所)から、建物(映像を投影したい面)に対して、レーザーポインタを向けて計測を行います。

レーザー距離計が無い場合の方法は、道や地面にある標識、サイン、車、ガードレール、道幅などを測定します。現場での測定の後、Googleマップからその場所を検索して、形の比率から距離を割り出すことができます。

機材の配置

機材をどのような場所に設置するのか、現場で検討する重要なことです。映像を投影する面に対して、基本的に真正面にプロジェクターを配置します。また、1つの対象に対して、1台のプロジェクターで映像を投影することが基本です。映像を投影するために、障害物が無く、また観客の目線の邪魔にならない場所に機材を配置する必要もあります。

いくつもの検討すべき点があるため、技術スタッフや業者と現場での打ち合わせを行う必要があります。街中においては、障害物が多いため、必然的に近くから映像を投影することが多くなります。ただし、公園や私有地など距離がとれる場所もあります。さまざまな障害物から、影響を受けず、プロジェクターの光量も落ちないようにするためには、遠すぎず近すぎない最適な場所にプロジェクターを設置する必要があります。

◆ スクリーンサイズと投影距離

プロジェクターの設置場所を検討するには、まず投影したい映像のスクリーンサイズの横幅やプロジェクターの設置予定場所と建物の距離を測定しておきましょう。

プロジェクターの映像サイズと投影距離については、プロジェクターの説明書に記載されています。もし使用する可能性のプロジェクターが決まっているのであれば、事前に説明書を確認しましょう。説明書の付録として、投影距離とスクリーンサイズの表が記載されています。

プロジェクターには、レンズが内蔵されているタイプとレンズが交換できるタイプがあります。レンズ交換が出来るタイプが、業務用の機種になります。距離に合わせて、レンズを選ぶことで対応できます。

◉スクリーンサイズと投影距離

スクリーンサイズ(cm)			投影距離(m)	
インチ	幅	高さ	ワイド時	テレ時
100	203.2	152.4	2.73	4.56
120	243.8	182.9	3.29	5.49
150	304.8	228.6	4.12	6.87
200	406.4	304.8	5.51	9.18
240	487.7	365.8	6.62	11.03
300	609.6	457.2	8.3	13.8
600	1219.2	914.4	16.6	27.6
900	1828.8	1371.6	24.9	41.4
1000	2032.0	1524.0	27.55	45.9

※NEC P501X(5000ルーメン、レンズ一体型)の場合

主に、映像の横幅と投影(投写)距離の2点を確認します。プロジェクターの映像の横幅は、長辺になるため重要です。縦に長い映像を投影する場合は、プロジェクターを縦置きにすることも考えられるからです。

レンズと投影距離の関係

プロジェクターによって、レンズの性能はさまざまです。一般的には、レンズが内蔵されているプロジェクターは、「映像の横幅×1.5~2.0倍=投影距離」のような関係が多いようです。ズームレンズが多いため、映像の大きさを調整することができます。ただし、機種によっては、4倍程度になる場合もあるため、必ず確認が必要です。

レンズ交換式のプロジェクターに広角レンズをつけた場合は、最も近い距離は、映像の横幅と同じぐらいにあります。単焦点レンズになるため、プロジェクターを動かして映像の大きさを変更することになります。

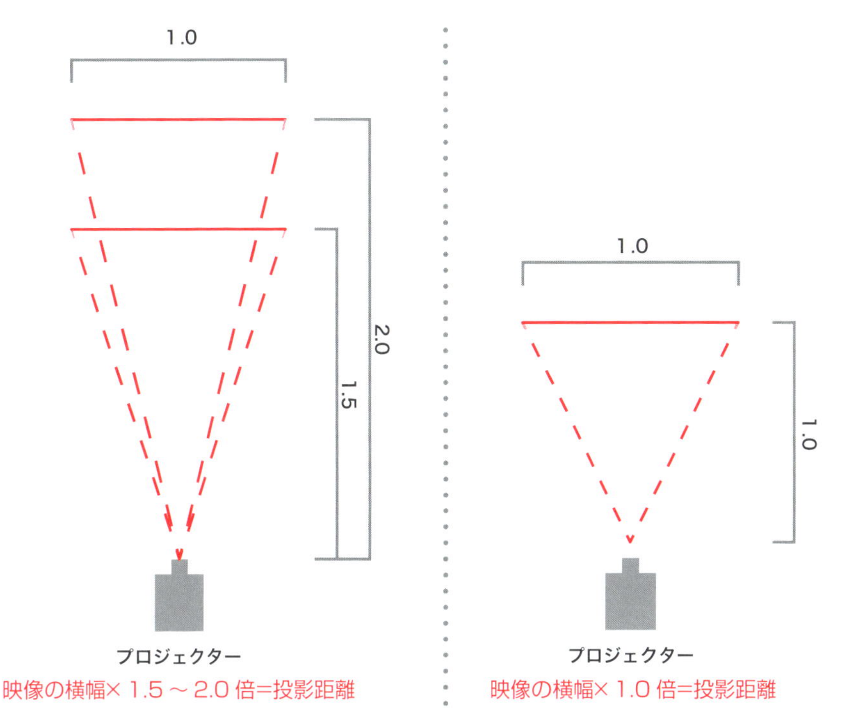

レンズと投影距離の関係

この他にも、もっと遠くから投影出来る望遠レンズや0.8倍程度の超広角レンズもあるため、プロジェクターの機種に対応しているレンズがあるのかを確認する必要があります。レンズで対応できない場合（例えば距離に対して、映像が小さすぎるなど）、複数のプロジェクターを使う検討を始めましょう。

電源の確保

電源は、映像が投影される建物ではなく、プロジェクターなど機材を設置する場所に必要となります。

まず、電源が確保できる場所なのかを確認します。「その場所の電源設備から、配線ができるのか」「200Vの電源が用意できるのか」も含めて確認する必要があります。これは、施設の設備になるので、現場を見ただけではわかりません。施設の技術担当者との打ち合わせが必要になります。

最終的に、どれくらいの電圧と電流、系統数が必要になるのかをある程度把握する必要があります。10000ルーメン以上のプロジェクターになると、200Vの電源を用意しなければいけません。一部の機種では、100Vと200Vを選択できるものもありますが、その場合は100Vを2系統用意する必要があります。

◆ 必要な電源について整理

- 電圧(100Vか200V)
- 電流(10A、20Aなど)
- 系統数(100V20Aを2系統、100Vと200V各1系統など)

◆ 電源を確保する方法を整理

- 施設から、既設の電源が引けるのか
- 電力会社に依頼して、電信柱から新設するのか
- 移動式の発電機を設置するのか

プロジェクターの選定

どのような性能のプロジェクターが必要なのか。それは、実際に投影してみないとわからないのが実情です。なぜならば、街中には、街灯や建物、車の照明があり、それらがどれだけ影響を与えるのか、予測することが難しいからです。また、映像を投影する建物の外壁の色によっても、どれくらい綺麗に映像が映るのかも予測しくいです。

ただし、環境要因を差し引いた場合では、ある程度の基準があると言えます。プロジェクターを選ぶ基準において、解像度や画質という要素も重要ですが、優先度が高いのは、明るさ(ルーメン)です。

横幅30m程度であれば、20000ルーメン。横幅15～20m程度であれば、10000ルーメンで投影することができます。基本的な考え方として、ワンランク上の機材を用意することができれば、想定外のことが起こったとしても、明るさで解決できることもあります。

また、プロジェクションマッピングをする場合は、3000ルーメン以上のプロジェクターを推奨します。室内で模型に映像を投影するような場合は、2000ルーメンやそれ以下の明るさでも問題はありません。

プロジェクターの大まかなグレードとしては、次の表にまとめました。

◉プロジェクターの選定に関わる性能の比較表

明るさ	映像の横幅	100V対応	レンズ交換	予算(1日)
20000ml	25～35m	×	○	80万
10000ml	15～20m	△	○	40万
4～6000ml	10m程度	○	△	10万
3000ml	5m程度	○	×	5万

※20000mlのプロジェクターは、200Vのみ対応しています。10000mlは、200Vにも対応可能なモデルがあり、100Vでは2系統15Aの電源が必要な場合があります。

※4～6000mlでは、機種によってレンズ内蔵モデルとレンズ交換モデルが用意されています。

※1日の予算は、株式会社シーマのカタログから算出しました。

客溜まりやビューポイントの設定

建物や場所が非常に魅力的だったとしても、多くの人が見る場所が確保できなければ、イベントとしては不十分だと言えます。

ロケハンを通じて、どこから見えるのかを確認することができます。ただし、そこから、どれくらいの人が見ることができるのか、見せる必要があるのかも合わせて企画の中で考えるべきです。たとえば、公園や広場が確保できるのか、道路や歩道しかない場合は歩行者天国にして場所が確保できるのかを検討する必要があります。

プロジェクションマッピングの認知度の高まりに連れて、警備や誘導の必要性も意識されています。多くの人が同時に安全に見る場所の確保、逆に安全のために事故が起らないよう遠くから見えない工夫も求められることがあります。

プロジェクターや機材の設置場所、観客が見る場所、映像が投影される場所、観客の導線など、地図に落とし込んで検討しましょう。

SECTION-13

充実した内容にするためのコンテンツリサーチ

プロジェクションマッピングの映像コンテンツは、視覚的な効果で驚きを与える手法だけでは、コンテンツとして見応えがありません。

なぜ?　よくわからない?という疑問や予定調和だと観客に思われないように、さまざまな手法や素材、ストーリーからコンテンツの充実をはかる必要があります。

また、そのためには、どのような企画が面白いのか、事前に建物や地域、関係者や既存のイベントなどを自ら再度確認しておくべきでしょう。

映像コンテンツの要素

プロジェクションマッピングの特徴の1つは、映像に関わる要素が多いという点です。鑑賞する環境が映画館のスクリーンではなく、さまざまな環境や地域で行うためです。そのため、建物の形状にマッピングすると同時に、映像のコンセプトもしっかりと建物の存在に合うものでなければいけません。

映像コンテンツの制作において次の要因があります。

◉環境要因(建物形状、地域文化、気候・季節、企画主旨、参加性)

◆建物形状

建物の形を活かした要素です。柱、色、レンガ・タイル、窓、看板、象徴的な飾りなど、建物の形をうまく利用する方法です。親しまれている建物であっても、建物の細部まで把握している人は少なく、建物を再発見することができます。

◆地域文化

建物やその地域に関わる要素です。歴史的建造物であれば、地域文化を象徴する例が多く、長年地域住民に親しまれているため、要素として活用することで、理解や共感、誇りそして教育的な側面も得られことがあります。

◆季節·気候

イベントや企画の主旨と関わることが多い要素です。日没後のイベントが多いため、季節を意識するイベントが多くあります。季節感を演習する要素として、例えば、春であれば桜、冬であれば雪などを要素として入れる事があります。また、気候が特徴的な地域や山地などの観光地であれば、霧や雲などの特徴的な要素を入れ、土地柄を演出にすることになります。

◆企画主旨

プロジェクションマッピングの開催自体または全体の企画の目的です。地域や季節のイベント、広告や展覧会などある目的を持つ企画がどういうものなのかによって、全体のイメージ、ストーリー、登場する素材やキャラクターが変わります。

◆参加性

インタラクティブ、ゲーム性とも言い換えられます。映画のように一方的に視聴するだけではなく、参加する可能性を指します。参加の方法は、事前に関わるものと即時に関わるものがあります。事前に募集した写真や言葉を映像コンテンツの1つとして取り込み、ワークショップを行います。その中で、イメージを制作し素材にすることが考えられます。また、即時では、センサーやカメラなどのテクノロジーを活用して、人間の動きをキャプチャーすることで、映像に動きを与えることも考えられます。

◉人的要因(クリエイター、クライアント、観客・住民)

◆クリエイター

映像を制作する個人またはチームのことです。制作物は、作り手が制作可能な手法や個性の影響が大きいことがあります。そのため、クリエイターを選ぶ段階で、どういったイメージや企画にしていきたいかを考えておく必要があります。そして、クリエイターの個性を活かすような映像コンテンツを企画することが望まれます。

◆クライアント

主催者やスポンサーのことを指します。また、その中の決済権を持つ代表(個人)が結論を出すことが多く、その個人の考え方や趣味性、年齢、性別によって、方向性が決まることがあります。

◆観客･住民

見に来る人々や会場の周辺に住む人々のことを指します。どのような人々が見に来るのかを想定することが重要で、住民から反感を受けることなく、共感を受けるようなコンテンツは何なのか。そのためには、地域や住民を理解しないといけません。また、観光客のように常にその場所にいない人々にも地域を理解できるように、わかりやすさや象徴的なものを登場させる必要があります。

映像コンテンツは、この8つの要因をベースに考えることができます。この要因を複数組み合わせる事で、強度のある表現や観客の共感得られる可能性が高くなります。ただし、すべての要素を入れる必要はなく、多ければいいというわけではありません。この要素を取り入れる事が目的化する必要はなく、不自然ではないバランス感覚よくコンテンツの組み合わせを計画する必要があります。

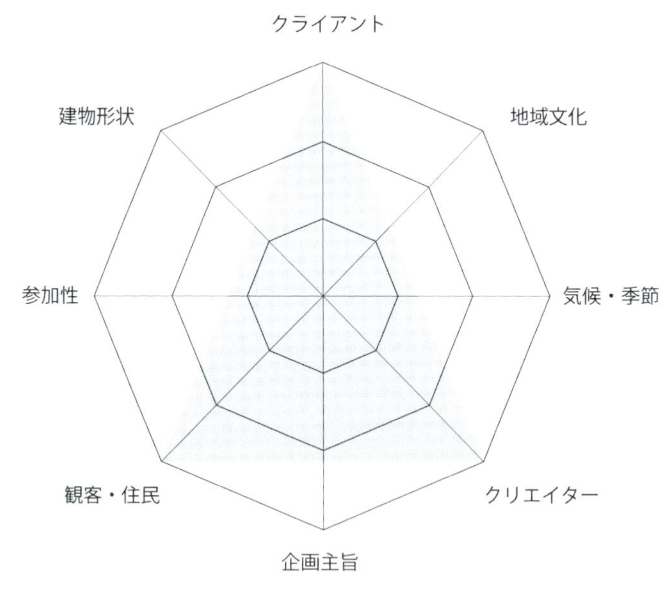

要素の関係

ターゲットの分析

どのような人が見に来るのか、距離、興味、知識、来場者の構成をイメージし、ユーザーのターゲットを想定することから、企画やコンテンツの制作の参考にします。

◆ ターゲット

- 遠方からの観光客、地元周辺の行楽客、アートやデザインに興味がある層なのか、若者、カップル、お年寄り、ファミリー

◆ どのような人や組織が主催するのか

- 自治体、企業(消費系、マスコミ系)、アート系の組織・団体

◆ どのような組織がお金をだすのか

- 自治体、企業、助成金(国、自治体、財団)

◆ さまざまな協力をするパートナーのメリットはあるのか

- 機材、技術の宣伝、企業の宣伝、場所の宣伝

◆ イベントの企画の主旨や分野、業界は何なのか

- 観光、広告、アート・デザイン

建物の分析

◆ 建物や場所の面積

- 屋内、屋外

◆ 映像の横幅

- 5m以下、5m〜10m、10m〜20m、20m〜30m、30m以上

◆ 建物の色

- 白、黒、グレー、茶系、クリーム系、ガラス

◆ プロジェクションマッピングする対象の種類

- 装飾的な建物、現代的なビル、特殊な形状の建物や構造物、川や山などの自然、屋内

場所の分析

◆ 建物がどれだけ遠くから見えるのか

- 10m以下、10m～25m、25m～50m、50m～100m、100m以上

◆ どれくらいの人が同時に見えて、見る場所は確保できるのか

- 10人以下、10人～25、25人～50人、50人～100人、100人～500人、500人～1000人以上

◆ 建物もしくは地域にとっての歴史、文化、産業があるのか

- 建物や地域の特色、歴史、文化、産業、自然、イベント・祭り

◆ 素材になりそうなものはあるのか

- 写真、資料、建物の特徴的な装飾、その他

素材の収集

クリエイターやプランナーであっても、ゼロから何かものを作り出すことは、非常に難しく、素材や資料があることで、効率的でスムーズに企画やプランを考えることができます。

すぐに映像制作に使えるような直接的な素材から、アイデアを膨らませる、または建物や地域の理解を深める間接的な素材まで、さまざまな資料があるとよいでしょう。

建物、企画、立場によって、手に入れることができる素材や必要な素材は異なります。建物や場所の写真や素材は、どのような場合でも共通の素材になりますが、建物や地域がテーマやモチーフが関係する場合は、たとえば昔の写真など他の資料が必要になります。イベント全体の企画に、テーマやモチーフが決められている場合は、そのイメージや素材が必要になってきます。

また、イベントやスポンサーのロゴや資料も映像の制作や企画書の作成で使う可能性があるので、入手しておくべきです。

建物の外観

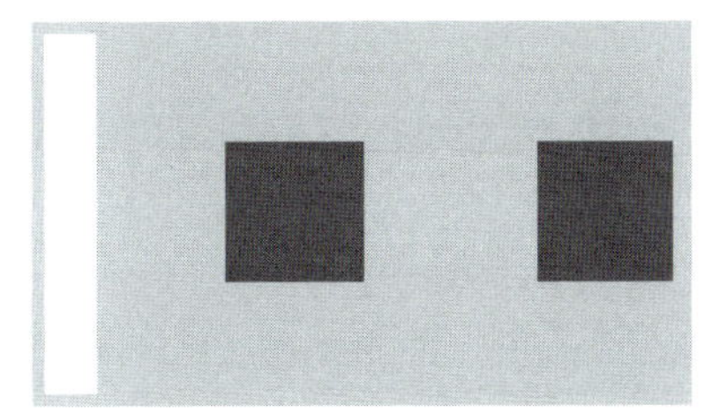

建物の詳細、装飾、内観

昔の写真、資料

イベントの主旨や資料
地域の資料（本、パンフレット・チラシ、web）

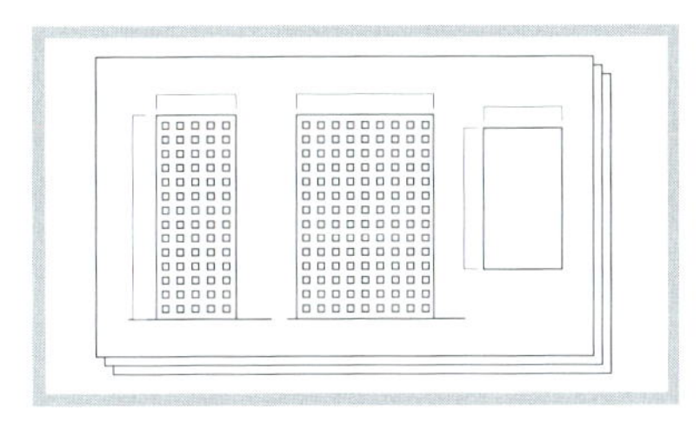

図面（立面図、平面図）

企業やイベントのロゴ
イベントに関わるイメージや素材

コンテンツの素材

コンテンツのプランニング

プロジェクションマッピングのコンテンツには、ルールやセオリーがあるわけではありません。ただし、東京駅のプロジェクションマッピングの影響が多く、同じようなスタイルになっているのも事実です。企画や手法、素材によって、さまざまなコンテンツが生まれるはずです。

コンテンツは、主に次の4つのスタイルにまとめられます。つまり、コンテンツの軸を何にするのかとも言えるでしょう。

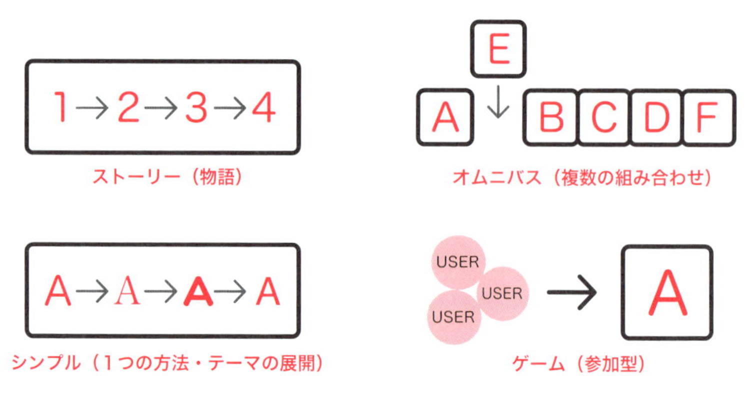

コンテンツの展開

◆ストーリー（物語）

ストーリーは、企画やコンセプトがしっかりと固まっていて、その流れをストーリーとして展開していきます。例えば、おとぎ話や伝説のような既存のお話を基本にした場合は、さまざまなイメージやキャラクターを登場させることができるので、スムーズな展開ができます。

物語の展開を軸に考えることで、プロジェクションマッピングの手法や企画に関係するイメージや素材を織り込んでいく方法です。祭りや観光など、地域に根ざした企画やコンテンツに相性が良いでしょう。

- 京の七夕

  URL https://youtu.be/ElUv9I3iBEE

◆オムニバス（複数の組み合わせ）

オムニバスは、最も定番な方法です。プロジェクションマッピングのコンテンツは、どういうものがいいのかがよくわからない、実際に投影して見てみないとわからないというのが正直な意見だと思います。その場合、プロジェクションマッピングの手法として面白そうなコンテンツをたくさん作り、それを組み合わせていきます。試写ができる場合は、どういうのが面白いのかを現場で確認して、コンテンツを整理して、順番も変えていきます。

しかし、オムニバスは、手当たり次第でコンセプトが希薄な印象を受けます。4つ程度のまとまり（シークエンス）を設定した方が見やすくなるでしょう。東京駅のプロジェクションマッピングも、このタイプだと言えます。

- 東京駅プロジェクションマッピング

  URL https://youtu.be/xHsbdq8GtKc

◆ シンプル(1つの方法・テーマの展開)

シンプルは、単一のテーマやモチーフ、手法をじっくりと見せて行きます。シンプルと言っても、微妙な見せ方のバリエーションの展開もありえます。これは、エンターテイメントや観光というより、アーティスティックな作品になり、じっくりと見入って感動や感心するようなものと言えます。コンセプトや手法がしっかりと固まらなければ、この方法は難しいでしょう。作り手や主催者側は度胸を持ち合わせていなければなりません。

- spider projection
  URL https://youtu.be/zMemPwDotu4
- 東急ハンズANNEX店プロジェクションマッピング
  URL https://youtu.be/Rf_wX3iNheU

◆ ゲーム(参加型)

ゲーム(参加型)は、参加型のプロジェクションマッピングと言えます。事前にイメージや素材を募集して参加者を募ることやセンサーやカメラを用いて、プロジェクションマッピングの映像を目の前で動かす参加型です。あまり事例がありませんが、プロジェクションマッピングの新たな要素として期待できるでしょう。募集という事前準備や映像に反応を加えるシステムなど、新しいタスクが増えるため、難易度が高くなります。実際に、参加者が使うシステムのため、故障やバグなどの対応、全体で何人参加できるのか、一度に何人が参加できるのかなど考える必要があります。

- 福岡市役所プロジェクションマッピング(anno labo)
  URL https://youtu.be/xRC3AS7IBAA

◉福岡市役所プロジェクションマッピング(anno labo)

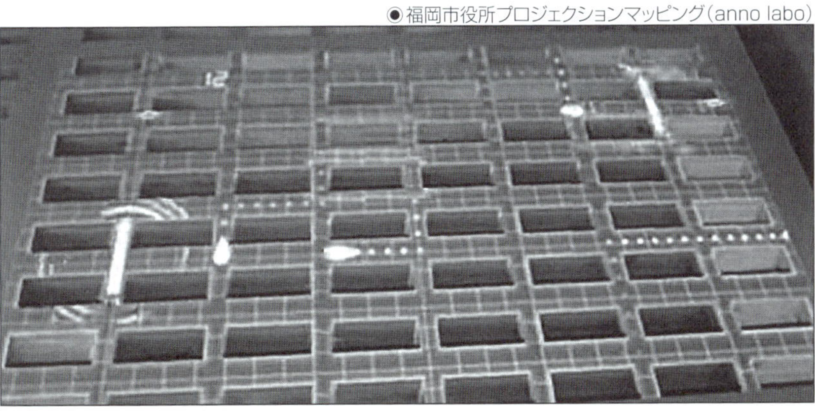

SECTION-14

実現性を高める企画書の制作

すべては、企画書から始まると言っても過言ではありません。なぜならば、プロジェクションマッピングという大規模なプロジェクトは、実現しない可能性が非常に高いと言えます。作りながら、やはりうまくいかないから、中止にしようということはありえません。企画が通ったら、実現に向けて進みます。そのためにも、実現可能性がある内容の企画書を作成する必要があります。

企画の制作

企画を立ち上げ、プレゼンテーションを進めるにあたっては、まず企画書を作らなければいけません。そのために、いくつか制作するものがあります。次の4つの要素は、すべて企画書に盛り込まれる素材になります。

❶ コンセプト・文章

❷ キーイメージ

❸ 絵コンテ

❹ 見積り

企画書の構成

企画書は、誰が作るのかによって、構成は変わることがあります。ただし、絶対に求められる仕事が2つあります。

- イメージを制作する
- 企画やコンセプトの文章を書く

2種類の仕事があるので、仕事を分担して進めるべきでしょう。一人で2種類の仕事を行っても問題ありません。また、企画書を提案には、目的が2つほどあります。

- 企画を確定するための提案
- 企画の質を確認するための提案

◆ 企画を確定するための提案

- タイトル、コンセプト、企画の背景と場所、完成イメージ、参考資料、見積り

企画書の内容・構成

◆ 企画の質を確認するための提案

- 絵コンテ、動画

企画書に含まれるコンテンツ

「企画の概要」は、提案の柱になり、企画自体の可能性から提案者の素養まで、クライアントにとって考察できる資料になるでしょう。「イメージ」は、どれだけ具体性とリアリティ、センスと技術を持って取り組んでいるのかがわかります。「展開例」「参考資料」「経歴」は、企画を補強するための資料と言えます。「展開例」では、プロジェクションマッピングの使い方、広告や他のメディアに展開する可能性について提案します。「見積り」では、予算面で実現性を確認します。規模や期間について交渉を行う必要があります。

「絵コンテ」や「動画」では、どのようにストーリーが展開していくのかを確認します。また、動画のサンプルなどがあれば、どれぐらいのクオリティを基準にして制作するのかも、確認することができます。

プレゼンテーションの流れ

プレゼンテーションの回数や種類は、さまざまです。提案型、依頼型、募集型かによっての流れが変わる可能性があります。

プレゼンテーションの内容は、全体の企画が固まってから、具体的な内容やコンテンツに進む方が、効率が良いでしょう。そのため、提案は2回程度にわかれることが多くなります。

しかし、当初から企画がほぼ確定している場合は、一度に「企画の概要」から「絵コンテ」「動画」まで提案することもあります。

依頼型では、1回目にクライアントからの依頼書やオリエンテーションが設けられる可能性があります。また、募集型では、1回目のプレゼンテーションが、対面ではなく郵送やメールなどの方法で完了する場合もあるでしょう。

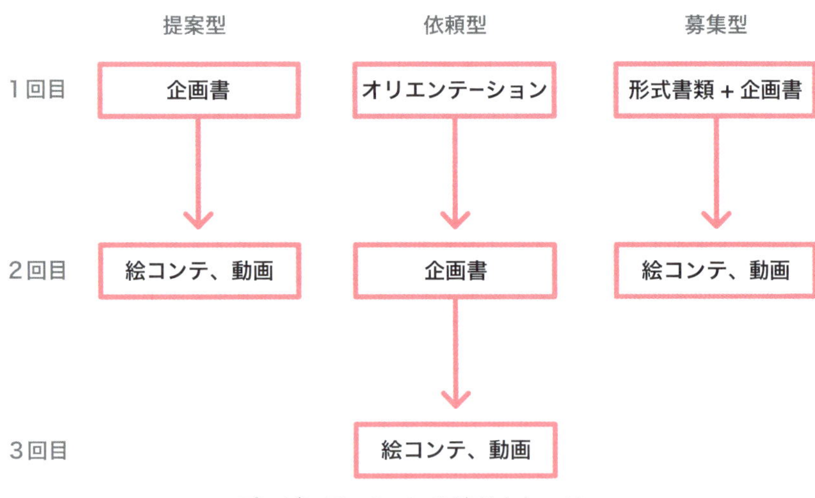

プレゼンテーションの流れとケース

このようなプレゼンテーションの内容と流れを通じて、クライアントがどれくらいの範囲と予算を求めているのかがわかってきます。その都度、修正する必要があります。

また、「提案型」の企画書の提案では、他の場所やプランの再検討を求められる可能性も考えられます。その場合は、企画の制作を再び行わなければいけない場合もありえます。

SECTION-15

全体の流れや構成を共有するための絵コンテ

絵コンテ(ストーリーボード)は、映像の流れと長さ(時間)を確認するために、非常に重要な資料になります。また、提案者も含めクライアントなど関係者が、どのような映像コンテンツになるのかを知る機会になります。

キーイメージなど静止画の制作では、ある象徴的なシーンを2、3場面制作することに留まります。そのため、実際に絵コンテを制作し始めないと、提案者も含め全員が、全体の流れを曖昧なイメージのままになることがあります。

絵コンテの目的

絵コンテを通じて、全体像を把握することができます。また、どれくらいの長さで全体が構成されるのかも確認することにより、イベント全体の構成を検討することにつながります。

アイデアを形にして、関係者に共有することで、問題点や改良すべき点が見えやすくなります。絵コンテには、いくつかの要素があります。

❶ シーン

❷ イメージ

❸ 時間の長さ

❹ コメント

◆ 絵コンテのテンプレートを作成する

絵コンテは、映画やCMで制作されることがあり、汎用性のあるテンプレートはあります。ただし、それらの映像は、16:9のスクリーンやテレビの形になるため、絵コンテのイメージ枠もその形になっています。

プロジェクションマッピングでは、投影する映像の形が建物の形になるため、基本の四角形になるわけではありません。建物の形にカスタマイズした絵コンテのテンプレートを作成する必要があります。イメージの枠に、建物の画像をレイアウトして使うと良いでしょう。

NO.　　　　時間　　　　累計

シーン	映像	内容	時間

建物をレイアウトした縦型の絵コンテ

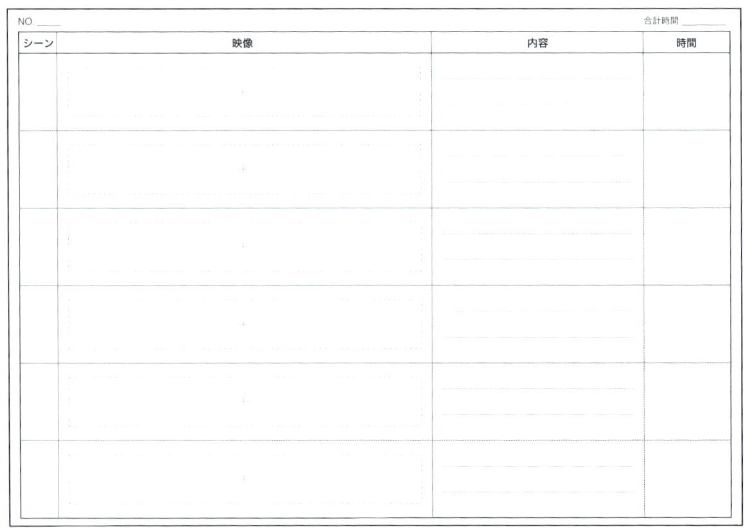
NO.　　　　合計時間

シーン	映像	内容	時間

映像のイメージ枠が横に細長い絵コンテ

16:9以上に長細い形であれば、枠の形を変更します。映像の形に合わせて、用紙の使い方も横向きにします。

絵コンテのテンプレート制作は、どのようなアプリケーションで制作しても構いません。プレゼンテーションや打ち合わせの時は、印刷して持って行くこともありますが、複数ページをPDFに統合して、事前にメールで送ることも多くあります。Adobe Acrobat Proというアプリケーションで複数枚のデータを統合して、1つのPDFファイルにします。

もちろん、この絵コンテのテンプレートをプリントアウトして、手書きでアイデア出し・下書き、絵コンテを完成させても良いでしょう。その場合は、スキャナーで取り込み、PDFにします。

絵コンテの制作

映像に動きや展開がある度に、1コマのスペースをとって、絵を書き込みます。表現とは異なるため、伝わりやすいように矢印や文字などを使い、説明的な書き方をしても問題ありません。

◆シーン

映像全体の中で、いくつかの場面に分けることがあります。その場面をシーンと呼び、簡単な名称をつけます。名前をつけて、全体の把握と管理をしやすくします。同じシーンの中でも展開がある場合は、数字を追加して管理します(例:海1−1、街2−1)。

◆映像

建物の形の上に、イメージの描き込みや配置を行います。また、矢印や線を入れて、動きが分かりやすいように指示を入れます。動きや展開がある毎に、映像を描くイメージが途切れないようにしましょう。

人によって、絵の上手下手はありますが、内容が伝わるように描ければ問題ありません。アプリケーションで画像素材を配置することで、絵コンテを作っていくこともできます。

◆内容

文章での説明を行います。出来るだけ分かりやすく説明した方が良いです。スペースも限られているため、書ききれない、または説明しにくい内容は、プレゼンテーションの時に口頭で補いましょう。

◆時間

そのコマでどれくらいの時間がかかるのかを書きます。映像の動きや展開によっては、細かくコマに区切る場合があるため、その時は矢印を使い、コマをまたいで何秒かかるのかを書きます。

枠外の上にも、「時間」と「累計」とありますが、「時間」にはこのページでの時間の小計を書き、「累計」には今までの時間の合計を書きます。それで、時間の経過を把握します。映像の中で、キャラクターや素材を登場させて動かしていくと、想定以上に時間が必要になることがあります。5秒、10秒、15秒…と5秒刻みくらいで時間の設定をしましょう。

絵コンテによるプレゼンテーション

絵コンテによって、プロジェクションマッピングの流れや長さをプレゼンテーションすることができます。1枚目から、順を追って丁寧に説明をしていきます。プロジェクションマッピングの表現をすべて絵コンテ上に示すことは、難しいですが表現については、可能な限り詳細に記載します。

絵コンテの段階になると、ある程度企画を進めているので、事前にヒアリングをしていれば、大きく絵コンテの内容が変わらないと思います。しかし、登場する要素や表現が、クライアントや関係者の意にそぐわないことも絵コンテやプレゼンテーションを通じて、チェックすることができます。

プロジェクションマッピングは、屋外で立って見ることがほとんどです。また、季節によっても時間の長さを配慮することもあります。クライアントや関係者の時間感覚や当日の運営についても合わせて確認します。また、すべて絵コンテ通りに制作する必要はありません。制作する中で、時間の長さや表現が変わることもありえます。変更が発生した場合は、報告や相談をして進めていきましょう。

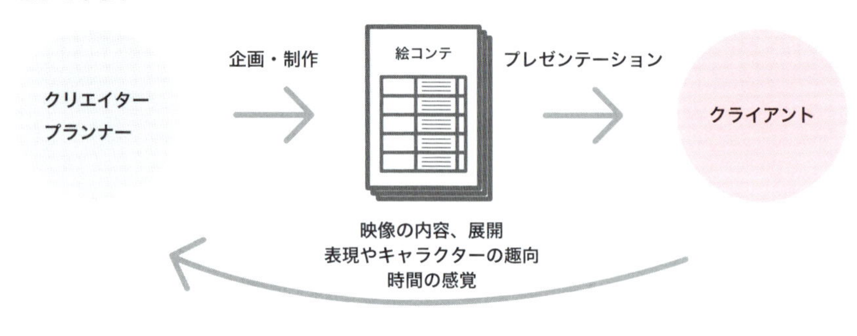

絵コンテを使ったプレゼンテーションの関係図

SECTION-16

実現性や規模、期間を確定するための見積り

アイデアをイメージと文字にして、企画書に落とし込み、さらに実現性やリアリティを持たせるために、規模、期間、見積りと具体的な数字を出して、現実的なプランを作る必要があります。そのためには、企画者やクリエイターだけではなく、業者からの協力も欠かすことができません。

予算は、さまざまな流れやルールで決まっていきます。どれくらいのコストが必要なのかを把握して、ビジネスとして成り立つのか、成り立たない場合は、どのような協力が得られ、今後の戦略が描けるのかを検討するために、見積りは重要な材料になります。

見積りの前に把握すること

プロジェクションマッピングは、さまざまな人や業者が関わります。そして、プロジェクトが大きくなるにつれて、要素も増えるため、情報を整理していくことを心がけましょう。

例えば、雨天の場合は開催するのかなど、イベントの運営方針や細部をつめていくと、見積りの内容も大きく変わる可能性があります。

◆機材と日数

開催期間、規模、機材構成は、すべて予算に大きく影響がある要素です。そして、開催期間が最も重要だと言えます。また、プロジェクターのレンタル代金が最も予算の中でも比重が重くなってしまいます。日数は、単純に考えていくと、機材レンタル費や人件費、場所代などが、日数分で掛け算になってしまう可能性があります。

レンタルする機材と日数の関係

この2つの項目が、見積りの中で最も変動する要素になります。それ以外の項目は、搬入出や設置、電気工事、レンズ、ランプなどは、どのような状況でも発生するため、日数に対して変動が少ないと言えます。

しかし、日数が増えるほど、1日に対するコストが下がります。日数が1～2日の場合は、1日に対するコストが高くなります。予算が十分に確保されている場合は、コストパフォーマンスがあがる計算をすることもできます。さまざまな制約の中で、何を優先するのかを整理するべきです。

予算の考え方

予算は、さまざまな方法で決まります。クライアントや主催者が行政の場合は、予算の規模が最初から決まっていることが多いでしょう。スポンサーを入れることで、予算が増えることもありえます。企業の場合も、行政同様に予算が決まっていることがありますが、タイミングや企業の規模や考え方によっては、規模や内容を優先して、進むことがあります。

◆ 予算が確定している場合

予算が決まっている場合は、予算を提示してその範囲内でどれくらいの性能のプロジェクターをレンタルができるのかを、複数の業者に相見積をしてみるのも良いでしょう。

ただし、各業者への予算の配分をする人が必要になります。広告代理店や企画者にあたる人が担当することになります。また、予算が決まっていたとしても、開催日数と規模も合わせて、調整が必要です。

◆ 規模が確定している場合

映像のサイズが決まっているのに、どのような機材にすればいいのかわからない場合は、どの機材が適当なのか、見積りと合わせて、業者に相談しましょう。

レンタル業者から、コンサルティングを受けることになるので、複数の業者に対する相見積は避けるべきです。そのかわりに、見積りの松竹梅のような形で、いくつかの予算規模の違うプランを出してもらいましょう。予算、性能、期間のどれを優先するのか、どのようなバランスがいいのかも、相談してみましょう。

◆ 予算を決める順番

行政が主催になる場合は、入札になるため、事前に全体予算が公表されます。大きいプロジェクトになると、広告代理店とクライアントの間で、予算全般の話を詰めて進めることになります。

もし、予算の枠組みを決まっていない段階であれば、制作費や機材レンタル費について理解し、とりまとめができるディレクターか、もしくはクリエイター、機材レンタル業者など会議に入れて、予算の枠組みについて協議するべきでしょう。

制作や機材について理解がない人だけで予算を決めてしまうと、非現実的な内容になってしまいがちです。制作や現場の当事者になる可能性の人を含めて予算の枠組みを考えることを勧めます。

最悪、非現実的な予算組みをしてしまうと、安く制作できるクリエイターや各業者を探すことになります。

クリエイターの仕事量

主催者もクリエイターも、まずどれくらいの予算感であることを事前に確認をしておきべきです。映像の内容や長さにもよりますが、個人か会社によっても、予算のスタートラインが異なります。詳細が不明な段階であっても、まず予算感の確認はした方が良いでしょう。

絵コンテまで内容が決まると、どのような内容でどれくらいの映像の長さ、制作期間の長さになるかが確定するので、制作費の見積りを出しやすくなります。

映像の長さ	コンテンツ	制作人数	制作期間
	2DCG		
1～5分	3DCG	1人	1週間
5～10分	実写・撮影	2人	2週間～1ヵ月
10～20分	サウンド	3～5人	1ヵ月～3ヵ月
20～60分	インタラクティブ	5～10人	3ヵ月～6ヵ月

クリエイターの仕事量のイメージ

機材レンタル費の算出方法は、機材単価と使用日数のかけ算と明確ですが、一方、映像制作費は、クリエイターや会社によって、見積りの基準がさまざまです。ただ、考え方の1つとして、仕事の量と種類から、人件費と外注費を積み上げて、どれくらいのコストと利益が出るのかを考えることができます。

クリエイター個人や社内でおさまる仕事の場合は、ほぼ人件費だけがコストになり、柔軟性を持たせることもできますが、外部発注が必要な場合は、人件費以外のコストが積み上がっていくため、外注するのか把握した方が良いでしょう。

また、個人か会社によって基準は異なりますが、1カ月1人あたりどれくらいの見積りになるのかを事前に確認しておきます。クリエイターの予算感がつかめます。

◆仕事量の計算

そして、重要なのは、映像の長さとコンテンツの構成です。この2つの要素をかけることで、仕事量がどれくらいになるのかを測ります。

コンテンツの構成とは、映像や制作の手法を指し、2D、3D、実写、音響などを使うかによって、制作を担当するクリエイター、カメラマンの数が変わってきます。映像の長さは、作業量の目安になるので、長いほど制作に時間や人手が必要になる可能性があります。

◆仕事量の分担

映像の長さとコンテンツの構成から、仕事量がどれくらいになるかがわかれば、どれくらいの期間、何人が制作する程度の作業量になるかになります。制作期間が短いと、制作人数を増やさないといけないです。また、急な仕事になると、人を集めるために、外部発注することもあるので、コストは上がります。納期が短すぎると、断られるケースもあります。

クリエイターの予算

クリエイターによって、見積りの作り方や考え方はさまざまです。個人と会社によっても、大きく異なります。

作業内容を細かく見積りしていくことは、難しいため、1カ月1名でこれくらいの予算で動くというのが、明確な考え方です。また、この映像の制作に対して、何日分の作業になるのかがわかれば、日当あたりの計算で出すことも可能です。

しかし、各クリエイターの制作費を積み上げていくとかなりの金額になることがあります。そのため、クライアントや主催者側の予算感とかけ離れる場合は、事前に予算額を提示して、引き受けることは可能なのか交渉が必要になります。

クリエイターの費用は、人件費の割合が多くなるため、どれだけの人手を使うかにもよりますが、交渉の余地はあると思います。また、カメラマンやスタジオ、撮影機材を使うことになると、人件費だけではなくなるため、費用が膨らむ可能性が高くなります。

◆ クリエイターの見積り項目

- ディレクション費
- 制作費
- スタジオ費
- 機材費
- ロケ撮影費
- インタラクティブ費用
- 映像素材費
- 管理費
- 現場立会費

このような項目が、見積りの中に含まれる可能性があります。たとえば、制作費一式と称して、内容の詳細が説明されていない場合もあります。また、見積りの詳細を細かく項目にして、見積りの根拠として提示する場合もあります。

ディレクション費、管理費などは、曖昧な項目に思えますが、クリエイターの予算に対するパーセントで算出される費用もあります。見積りの考え方は、クリエイター個人や会社によって、さまざまなので、不明な点があれば、随時説明が必要になります。

クリエイター同士の見積りになると、より専門的な内容や細かい指定を見積り項目や仕様として行うことがあります。

◆ 映像の素材、制作ツール

クライアントや企画者から、さまざまな要望があります。クリエイターにとっては、特殊な要素や技術的なハードルが高い場合があります。また、具体的なイメージを使ってほしいと指定された場合、そのイメージ素材を準備することにもコストがかかります。それらは、必要経費として見積りに追加されます。

クリエイター側も、効率的で質の高い制作をするために、After Effectsのプラグインが必要な場合も、見積りに追加されることがあります。

SECTION-17

機材レンタル業者の選定

機材レンタル業者といっても、さまざまな会社やサービスがあります。機材をレンタルするだけの業者、機材の設置やオペレーションも含まれる業者があります。さらに、機材についても、一般消費者向けのモデルだけを扱う業者、業務用のモデルまで扱う業者など分かれています。

見積りをお願いする時に、いくつか必要な情報があるので、まとめておきましょう。

事前に決めること

映像を投影する範囲は、建物のどれくらいの範囲に映像を投影したいのか、建物の写真に映像の投影範囲がわかる資料を作ります。建物周辺の地図も準備しておきます。

また、開催期間や設営・撤収日まで含めたレンタルする日数を出します。

◆ 業者にどこまでの仕事を頼むか

企画やクリエイター側で、機材の操作ができるスタッフがいれば、機材のレンタルのみになります。しかし、プロジェクションマッピングの規模が大きくなる場合は、機材の設置やオペレーションまで行う業者に頼むことは必須です。

機材レンタルのみの場合は、プロジェクターの機種や性能をこちら側で決めなければなりません。インターネットやカタログで機材の機種を確認して申し込みます。

◆ プロジェクターの性能

メーカーは、さまざま機種を毎年発売していますが、レンタル業者では新製品やすべての機種を取り揃えているわけではありません。汎用的で定番な機種がレンタル機材になっています。

もし、事前にこの機種が良いという話になったとしても、レンタル業者に取り扱いがない場合は、同程度の性能の機種があるのか、確認し選択することになります。

機材レンタル業者を選ぶポイント

専門家や経験者でなければ、すべてを理解して見積りをお願いすることは、難しいと思います。プロジェクションマッピングの事例がある業者を調べる、カタログを請求する、近隣に営業所があれば実際に話を聞くなど、いくつかの方法で情報を集める必要があります。

そして、機材レンタル業者へどれだけの仕事を任せるのか、またはどのような範囲の仕事をする業者と取引をするのかを検討する必要があります。

また、業者と取引するにあたって、業務用の機種の取り扱い、長期間使用する場合、法人での取引に限定されることもあるので、事前に取引条件を確認するべきです。

◆ 機材が確定している場合

どのような機材を使用するのかが確定している場合は、仕様を示して機材レンタル業者へ見積りをお願いします。内容や機材が決まっているのであれば、複数の業者に対して、相見積をお願いして安い業者を選ぶことができます。

- プロジェクターのメーカー、型番など
- プロジェクターの性能(主に、ルーメン数、解像度、液晶かDLPか)

機材の型番が決まっていなくても、どれくらいの性能が欲しいかを伝えれば、見積りをしてくれるでしょう。各業者は、すべてのメーカーの機種を持っているわけではないですが、性能のラインナップを揃えているので、希望の性能に合った機種を提供してくれます。

◆ 予算が確定している場合

予算が事前に確定されている条件であれば、予算を提示してその範囲内でどれくらいの性能のプロジェクターをレンタルができるのかを、複数の業者に相見積をしてみるのも良いでしょう。

◆ 規模が確定している場合

プロジェクションの規模やサイズが決まっているのに、どのような機材にすればいいのかわからない場合は、どの機材が適当なのか、見積りと合わせて、業者に相談するべきでしょう。

レンタル業者から、コンサルティングを受けることになるので、複数の業者に対する相見積は避けるべきでしょう。そのかわりに、見積りの松竹梅のような形で、いくつかのプランを出してもらいましょう。予算、性能、期間のどれを優先するのか、どのようなバランスがいいのかも、相談してみましょう。

機材レンタル業者の見積り

見積りの詳細の部分には、次のような項目が並びます。

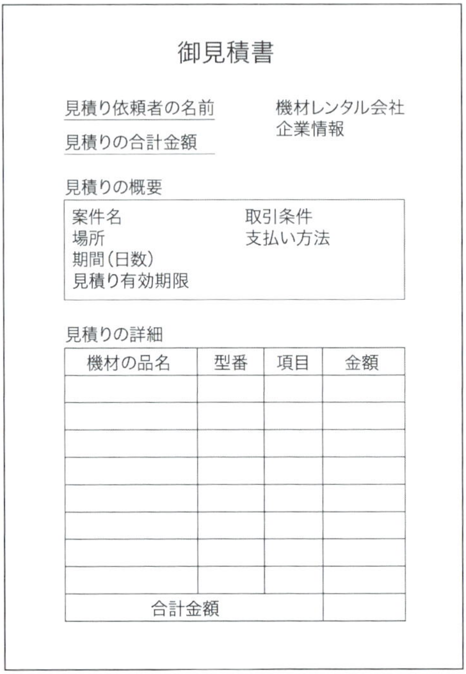

御見積書

見積り依頼者の名前
見積りの合計金額

機材レンタル会社
企業情報

見積りの概要

案件名
場所
期間（日数）
見積り有効期限

取引条件
支払い方法

見積りの詳細

機材の品名	型番	項目	金額
合計金額			

見積書のテンプレート

機材の見積りは、クリエイターの見積りに比べれば、機材や設置、日数と掛け率など、複雑に見えることがあります。もし、わからない項目があれば、質問するべきです。そのやりとりの中で、どこまでやってくれるのかも明確になるでしょう。

交渉によっては、パブリシティや協賛・協力を得ることで、「値引き」という項目が増える場合もあります。

警備、足場、電源の見積り

これらの各業務に対して、それぞれ相見積を取っていくと、時間と手間がかかってしまう可能性があります。場所が確定している段階なので、その場での作業に経験がある又は企画者、クライアント、主催者、機材レンタル業者と取引のある業者に見積りをお願いするべきでしょう。クリエイター側で手配をするのは、大変だと考えます。

主に、広告代理店など全体をまとめる立場か、主催者が企画全体の運営も含めてもらうことができればスムーズだと思います。

◆ 警備

高額な機材を扱うため、屋外での機材設置の場合は、警備が必要になることがあります。これは、機材レンタル業者から指定されることがあるので、協議が必要です。

開催時間はスタッフがいるため問題ありませんが、深夜や日中に警備をしなければなりません。屋内や仮設の建物にプロジェクターを設置の場合は、カギが締めることができるため警備は不要になります。さらに、街中のような人通りの多い場所や大規模なプロジェクションマッピングでは、来場者を整理するために警備や誘導スタッフが必要になります。

「警備員」という専門的な人材を雇うのは、想像以上に高額なお金が必要になる場合もあるそうです。ボランティアスタッフや学生、アルバイトなども含め、工夫しながら機材やイベント全体のスタッフを確保する必要があるようです。

◆ 足場

機材の設置場所の状況によりますが、屋外での機材設置になる場合は、足場が必要になることが多いでしょう。建物の上部に映像を投影することが多く、プロジェクターも地面より数メートル高い位置に設置することがあります。観客の場所とプロジェクターの位置は、非常に近いことが多く、映像を投影する時の障害物（車、バス、樹木、標識）を避け、多くの人の手から届かない場所に機材を設置するためにも、足場は必要になります。プロジェクターを水平に設置することで、セッティングの環境を整える目的もあります。

また、風を避けるためにも、足場を使って機材をシートで覆い屋根代わりに使う場合もあります。

屋外に足場を設置する場合は、通常雨が降った時は、プロジェクターを使うことができません。プロジェクションマッピングは中止になります。なぜなら、風が吹けば、機材が濡れてしまうからです。

もし、雨天決行をする企画であれば、事前に打ち合せが必要になります。機材の設置スペースを大きくとりシートを張り空調設備を入れる等、防雨と排熱の対策をしなければなりません。コストや準備にさらに時間がかかります。

◆電源

電源は、プロジェクターやパソコンなどの機材を動かす場合に必要な電気配線の工事のことです。機材を設置する場所や映像を投影する建物から、配線が引けるのかも現地調査が必要になります。安定した電源を確保するためには、配電盤から新たに独立した電気系統を引くべきでしょう。

業務用プロジェクターを使用する場合は、200Vが必要になることがあり、その他の機材用の100Vと、2種類2系統以上の電気工事を行うことがあります。また、事前に試写を行うために、仮の電源が必要な場合や近隣から電源が引けない場合は、大型のジェネレーターで200Vや100Vの電源を確保することも可能です。トラックに付属のクレーンで動かすほどの大きさになることもあり、トラックやジェネレーターの搬入経路や設置場所の確保も念頭におかなければなりません。

全体の見積書の作成

すべての見積りが出た段階で、全体でどれくらいのお金が必要になるかがわかります。見積りを提出するために、複数の業者や項目に渡る見積りをまとめる必要があります。立場や状況によって、主催者、スポンサー、広告代理店など、誰から誰へ提出するかは変わってきます。

大きく分けて、次の4種類の見積りがあり、立場や役割によって、単独または複数を合算した見積りを提出しましょう。

- 機材レンタル
- 映像制作
- 足場
- 警備

また、スポンサーに提出する際は、見積りの詳細を一部省略した方がいい場合もあります。見積りは、コストの積み上げですが、スタッフの宿泊費など細かすぎる情報は、一式にまとめた方がいいという考え方もあります。

一方、クリエイターや業者同士の見積りになると、より専門的な内容や細かい指定を見積り項目や仕様として行うことがあります。見積りを出す相手に合わせて、項目の調整が必要になってきます。

●主な見積り項目

機材レンタル費	人件費・作業費	その他
プロジェクター	オペレーター費	出張宿泊費
レンズ	設置調整費	イントレ費
周辺機器	撤去費	電気工事費
再生用パソコン	運送費	諸経費

CHAPTER 3
プロジェクションマッピングの制作知識

SECTION-18

プロジェクションマッピング制作の概要

　プロジェクションマッピングの制作は、いくつかの行程を経て、完成します。ロケハン、撮影、イメージの制作、映像の制作、現場での投影テストなど、さまざまな段階や場所での制作があるため、全体を把握して制作することが、効率的で失敗のない制作を行うことにつながります。

制作の種類

　プロジェクションマッピングにおいて、「制作」とは大きく3つあります。

❶ イメージ・絵コンテなどの企画書用資料

❷ 建物の形に合わせたテンプレートのマッピング用データ

❸ 本番用の映像制作

　主に、画像や映像といったビジュアルイメージの作成を「制作」と呼びます。プロジェクションマッピングの制作の中でも、特殊な印象を抱くのは、❷建物の形に合わせたテンプレートデータの作成だと考えられます。その難しさは、パソコンで制作した映像を現実の建物に対して、正確に投影することに隔たりがあるため、頭の中だけでは想像しにくいと言えます。

　しかし、❶イメージ・絵コンテなどの企画書用資料や❸映像制作は、制作の中でもごく一般的なものと言えるでしょう。

制作におけるキーワード

　これらの言葉は、制作の説明をしていく上で、頻繁に登場します。この中でも、キーイメージやテンプレートは、非常に重要になります。

キーイメージ　絵コンテ　テンプレート　マスク

シュミレーション映像　テスト投影　本番用映像

制作キーワード

◆キーイメージ

プロジェクションマッピングの全体イメージが伝わる画像、つまり完成図のことです。建物や環境を含め、さらに夜の状態で、プロジェクションマッピングがどうのように見えるのかを再現したイメージです。投影する予定の映像を写真に合成して制作します。昼間の写真から、どのように夜に映像が投影されるのかを確認し、完成した姿を共有することができます。

昼間の写真

プロジェクションマッピング後

キーイメージの BEFORE/AFTER（六甲山上駅の場合）

◆テンプレート

プロジェクションマッピングの映像制作において、型となる画像です。基本的には、建物や対象物の形をしています。さらに、その形の詳細を線で区分けして、映像が建物のどの場所に当てはまるか、把握出来るようにします。

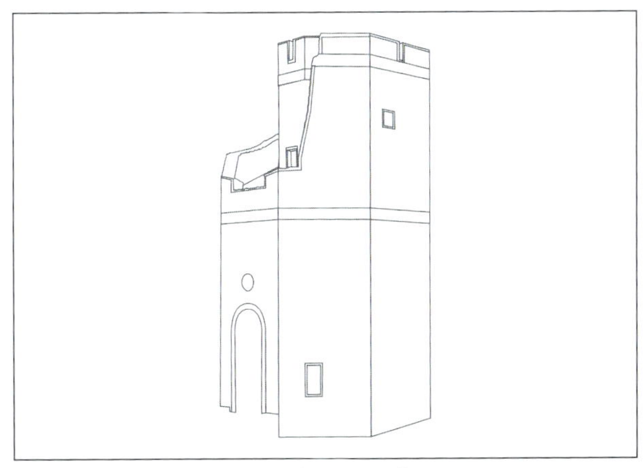

テンプレート画像

◆ マスク

マスクは、テンプレートの仲間で、建物や対象物の輪郭だけのデータです。建物にあたる白い部分は透明になっており、周辺の黒い部分が不透明になります。このマスクを使うことで、建物の壁面だけにイメージが投影される映像を制作することができます。最終的には、テンプレートを下敷きにして、映像を制作して、マスクを上からかぶせて、映像が建物からはみ出ないようにします。

建物のシルエットをしたマスク画像

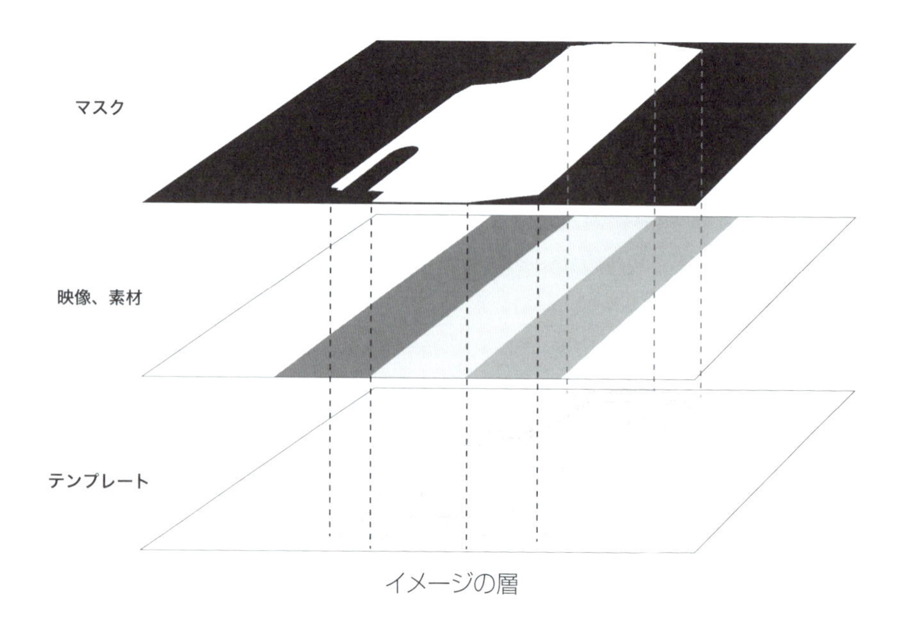

イメージの層

◆ 絵コンテ

映像の流れを考え、提案、共有することに絵コンテは役立ちます。手描きやパソコンの描画ソフトで、映像の展開を描き、言葉で説明を行い、時間の経過を示します。絵コンテを作らず、実際に映像の制作を始めてしまうと、修正や追加が発生すると非常に非効率になります。映像が、複雑で要素や手法が多い場合は、絵コンテは必須と言えます。単純な内容であれば、絵コンテを作らず、キーイメージ数枚程度で十分なこともあります。

◆ シュミレーション映像

キーイメージの動画版です。建物の写真やCGに対して、投影する映像を合成して、プロジェクションマッピングを行った状況を見ることができます。事前のプレゼン段階などで、可能な限り本番に近い状況を確認する必要がある時に制作します。

◆ テスト投影

本番と同じ環境でプロジェクターを使ったテスト投影が、事前に行える場合は、テスト投影用の映像を制作します。本番直前であれば、本番用映像データを再生することになりますが、1週間や1カ月程度前にテスト投影できる場合は、キーイメージの印象、色味の確認、制作できている段階の映像を編集して、テスト投影用の映像を制作します。

◆ 本番用映像

プロジェクションマッピングの本番時に、再生する映像のことです。テンプレートをもとに、映像を制作していきます。映像プレイヤーやプロジェクターに合うサイズの映像を制作する必要があります。

制作の方法

基本的には、写真、グラフィック、映像などのイメージの管理や制作は、パソコンを中心に行います。ただし、絵コンテを手描きで制作したり、写真や映像を撮影して素材にすることはあります。その場合においても最終的には、データ化してパソコンで管理をすることになります。

- 画像の編集・加工(Photoshop、Illustrator)
- 写真やグラフィック、映像などの素材の管理(パソコン)
- 絵コンテのテンプレート制作(Illustrator、Excel)

- 絵コンテの制作(手描き、Photoshop、Illustrator)
- 映像の編集(Premiere、FinalCut)
- 映像の制作(After Effects、3DSMAXなどの3Dソフト)
- 映像の撮影(カメラ、三脚、照明器具など)

制作のチームワーク

まず、制作を進める場合は、1~2名程度で始めると効率的だと言えます。方向性が決まり、具体的なものを制作する段階になると、各クリエイターにお願いする方が良いでしょう。

企画や文章が書けるプランナー、イメージを形にできるデザイナーやアーティストがいれば、企画書、イメージ、絵コンテの制作まで行えます。また、より具体的な表現や手法が決まっている場合は、最初の段階から主要なクリエイター(カメラマン、3Dデザイナー、サウンドデザイナーなど)を含めて、打ち合せと制作を進めた方が、完成度の高いものが出来るでしょう。

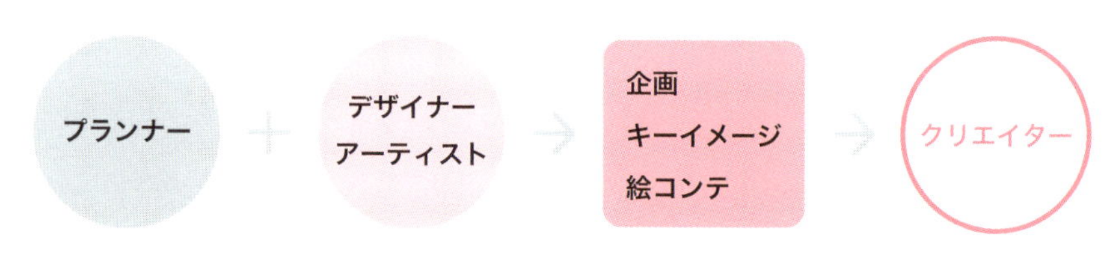

制作のチームワークの流れ

制作のスケジュール

企画段階で、キーイメージと絵コンテの制作が終わっています。そして、イベントの開催期間と機材の搬入時期が決まると、プロジェクションマッピング用の映像制作の期間が見えてきます。

開催期間が決まると、制作のスケジュールも大まかに見えてくるはずです。大枠のスケジュールが見えてくると、いくつか決めることがあります。

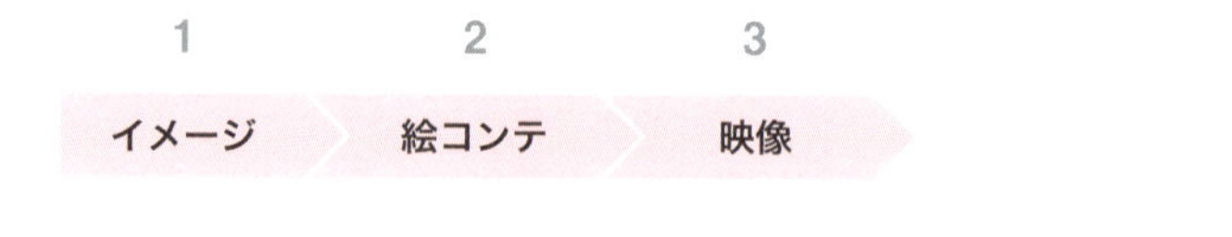

制作物の流れ

映像の投影サイズ

建物や対象物に対して、どのように映像を投影するのかは、制作を始める前に決定しなければいけない事項です。決定することで、キーイメージや映像の制作が、効率的に進めることができます。

◆ 映像の比率

プロジェクターの映像の比率は、4:3と16:9(16:10)の2つに分かれています。これは、プロジェクターの機種によって変わります。この比率のことを、「アスペクト比」と呼びます。投影する範囲に、うまく当てはまる方を選ぶと良いでしょう。つまり、建物からはみ出る余りが映像になると、もったいないと言えます。映像の範囲をコンパクトあるいは適正に使うことで、プロジェクターの明るさや解像度を効果的に使うことができます。投影される範囲において、映像の範囲が小さいと、映像は荒く暗くなってしまいます。

アスペクト比（映像の比率）

◆ 建物の形から投影する範囲を決める

建物には、さまざまな形がありますが、建物の一部なのか全体なのかを決める必要があります。

1……建物の一部や象徴的な部分

2……建物全体

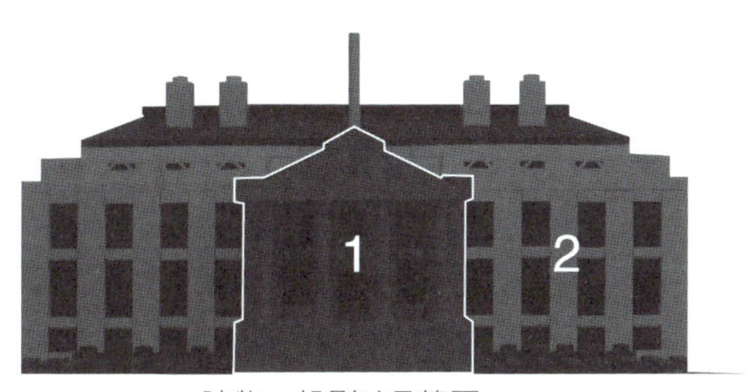

建物へ投影する範囲

◆建物の大きさから投影する範囲を決める

技術的な側面からも投影する範囲は検討が必要です。アスペクト比(映像の比率)から、建物に対して映像がどのように収まるのかを考えます。

建物の横幅、高さに合わせて、映像の枠を当てはめました。例にあげた建物の形の場合は、次の形が効率的です。

1……建物の一部や象徴的な部分……4:3

2……建物全体……16:9

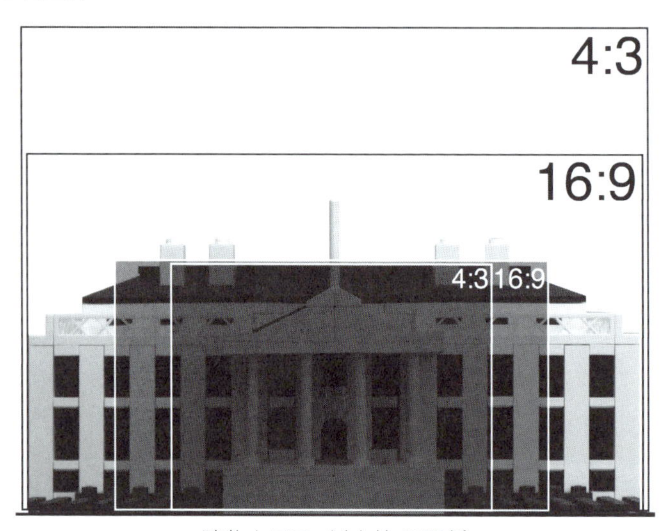

建物とアスペクト比の関係

◆プロジェクターの数と組み合わせ

1台のプロジェクターで行うことが可能な場合もありますが、クオリティを考えれば、複数台を使う選択肢もあります。

ただ、複数台になると、設置や制作の手間、コストも上がるため、ワンランク上のプロジェクターを用意して、明るさなどを補うことの方が経験上多くありました。もちろん、東京駅クラスの大規模な建物であれば、複数台を使うのは基本です。

明るさが足りない場合は、複数台のプロジェクターから同じ映像を同じ場所に重ねて投影することもあります。スタック投影と言います。(図中C参照)

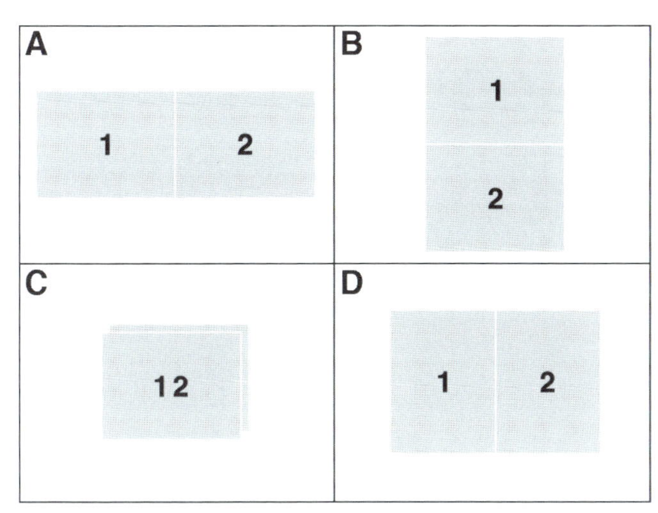

プロジェクターの組合せ例

プロジェクターを複数使う理由

- 投影する範囲が細長い……A、B
- 建物の前に距離がなく、大きく映像を投影できない……A、B、D
- 建物の周辺が明るく、プロジェクターの光量が足りない
  ……A(B、C、Dでも光量は確保できる)
- 高解像度が求められる……A、B、D

◆組み合わせの例

この建物に2つのプロジェクターを使用する場合は、2つの原因と解決方法が考えられます。建物が大きいため、光量が足りない。建物前のスペースが狭いため、映像が広い範囲に投影できないというものです。

まず、光量が足りない場合は、C案を使います。16:9の2台のプロジェクターを使い、同じ範囲、同じ内容の映像を投影します。さらに、光量が足りない場合は、プロジェクターの台数を追加して対応することも考えられます。

建物前のスペースが狭い場合は、A案を使います。4:3の2台のプロジェクターを横に並べて、映像を投影します。投影することで、2つの異なる映像をつなげて、建物全体に映像を映し出します。また、映像の解像度を確保したい場合も、この方法を使います。ただし、映像のデータや再生する機材を2つ用意しなければいけません。

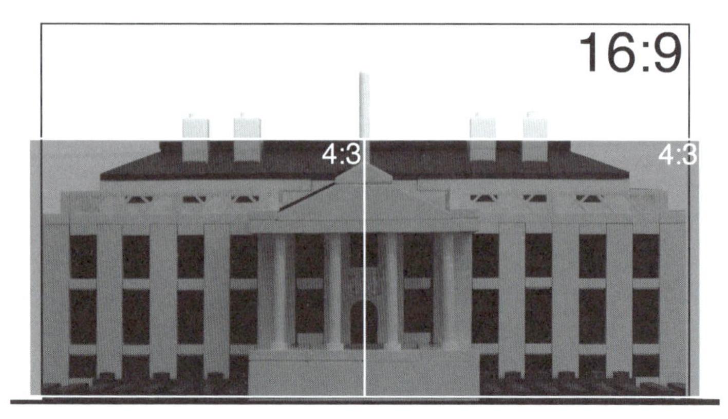

建物への投影例

機材の構成

制作した映像は、次のような構成で、映像が投影されます。また、テスト投影やテンプレートの制作時においても、同じ仕組みを使います。
主に、次の機材が必要になります。

- プロジェクター
- パソコン
- ケーブル類（映像ケーブル・変換コネクター、電源ケーブルなど）

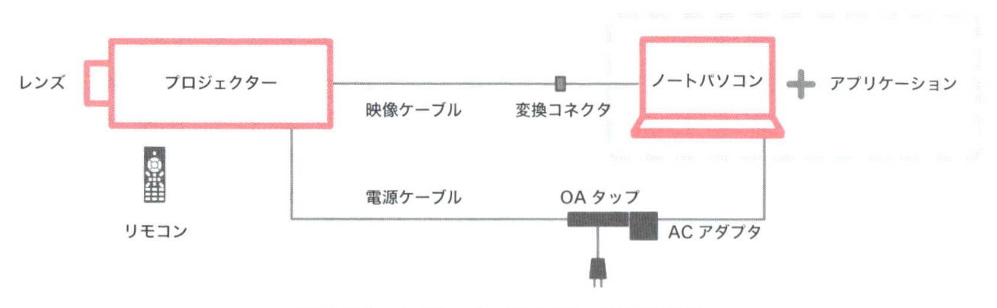

プロジェクターとパソコンの配線例

試写の時はノートパソコンをプロジェクターに接続することによって、画像の修正や調整が行えます。Macや小型のノートパソコン（Windows）の場合は、映像ケーブルをつなげるために変換コネクタが必要になります。また、パソコンでどのようなアプリケーション（ソフトウェア）を使って、映像を表示または再生するのかで、操作方法やデータの作り方・ファイルの種類が異なります。
パソコンではなく、メディアプレイヤーを使い、200Vの業務用プロジェクターを使う場合は、次のようになります。

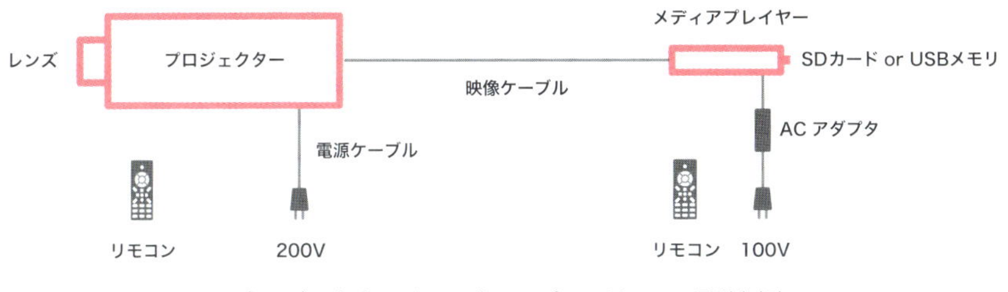

プロジェクターとメディアプレイヤーの配線例

映像データの制作

映像を制作するにあたって、4つの性能を確認します。

- プロジェクターの性能
- 映像再生機器の性能
- SDカード、USBメモリの性能
- アプリケーションの性能

解像度やアスペクト比、ビットレートに未対応や制限がある場合は、不具合の原因や作業の無駄になるため、事前に機材の性能を把握するべきです。

◆データ作成時のポイント

- 解像度……1920×1080、1280×720、1024×768、800×600など
- アスペクト比……4:3、16:9(16:10)、複数のプロジェクターの組み合わせ

◆データ書出し時のポイント

- 拡張子……mov、mp4、mpeg、wmv、aviなど

◆コーデック

- animation、H.264、Apple ProResなど

◆ビットレート

- 20Mbps、50Mbps、150Mbpsなど

SECTION-19
プロジェクションマッピングのレイアウト

建物、プロジェクター、観客などの位置や関係などの全体図を具体例から把握することから、プロジェクションマッピングに対する理解を深めます。ここでは、私が今までに経験してきた実際の事例から、仕様が異なる5つのパターンを図にして映像を投影する展開例を解説していきます。

プロジェクションマッピングの配置事例

プロジェクションマッピングでは、建物に対して垂直かつ真正面にプロジェクターを置くことが出来れば最善ですが、実際の現場では、さまざまな制約があり難しいことがよくあります。また、プロジェクターと観客が、プロジェクションマッピングする建物を結ぶ同じ線上に並び、プロジェクターの近くが最も見やすい場所になります。プロジェクターやその他の機材は、観客の手前にひっそりと存在感を消して設置されることが望まれますが、プロジェクターの光が観客の頭上を越えるケースもあります。プロジェクターは、建物全体を見渡せる目立つ場所に設置されることが多くあります。

◆配置事例のキーワード

- 建物
- プロジェクター
- ビューポイント
- 客溜まり

建物は、濃い色の面で塗られ、映像を投影する建物です。プロジェクターは映像を投影する機材で、映像が投影された広がりは、破線で表示されています。

ビューポイントは、最も理想的な鑑賞場所を意味しています。そのため、基本的には、建物や映像の正面になります。つまり、プロジェクターのレンズにあるとも言えますが、ビューポイントとプロジェクターの前後の関係は、事例によって異なります。

客溜まりは、観客が立ち止まるところです。ビューポイントは、制作者が考える映像全体が綺麗に見える理想的な場所ですが、観客は決して制作者の思う場所に留まるわけではありません。通路の出入り口や映像正面に対して斜めから見ることもあり、観客数が増えれば、どうしても集団が広がります。想定できる観客の立ち位置を客溜まりとします。

事例① 建物の外壁(正面からの投影)

映画館の看板部分へのプロジェクションマッピングです。小型の業務用プロジェクターを自作した木製の黒く塗装をしたBOXに入れ、それを地面に設置しました。足下に置いたため、あまり目立つことがありませんでした。障害物がなかったため、建物正面から、投影し鑑賞することができました。

しかし、私有地の通路に設置したため、毎日機材を設置して撤収するという手間が必要になりました。プロジェクターのBOXをあまり大きく作らなかったため、大雨が降る場合は中止にしました。これで、2週間程度の期間、毎日開催しました。また、プロジェクターは地面に設置しましたが、2階部分にプロジェクションマッピングしたために、台形補正やレンズシフトなど映像を補正する必要がありました。映像の再生は、ノートパソコンを使いました。

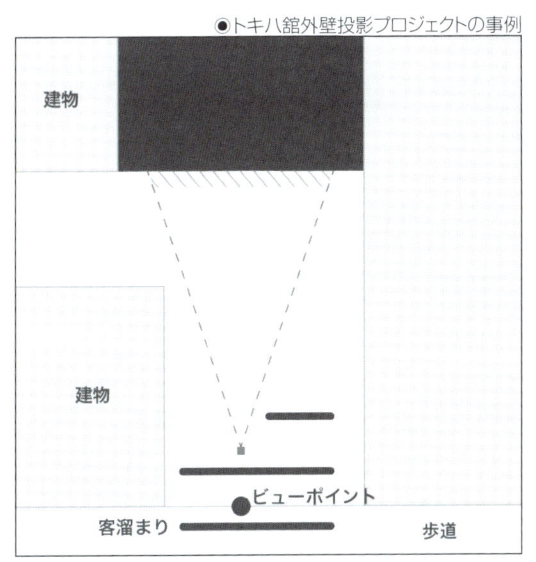

設置例① 建物正面の地面から投影

事例② お城のやぐら(2面の映像を同期させる投影)

建物の2面に対して、2台のプロジェクターを使用しています。木製黒塗のBOXの中にプロジェクターを設置しています。地面が土だったため、地面に杭を打ち込みBOXを固定しました。高さが変化する可能性があるためです。映像の再生と映像の同期は、2台のノートパソコンを使っています。

そのBOXは、観客から見えない植込の内側に設置しました。観客にとってプロジェクターなど機材がどこにも見当たらないことが不思議だったようで、振り返って空を見上げる人が多くいました。お城など文化施設では、機材や仕組みの存在感がない方が鑑賞を妨げないことや演出にもつながるかもしれません。

大きな道路沿いであったため、見通しが良く道路を渡った歩道や車からも見ることができました。最も見やすいビューポイントは、2面が見渡せる建物の角が真正面にくる場所になります。

◉元離宮二条城ライトアップ2004の事例

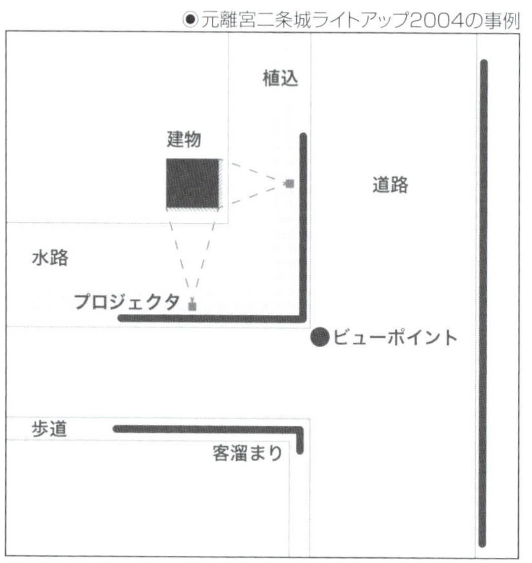

設置例② 角にある建物に投影

事例③ 建物の外壁(山上、斜めからの投影)

山の上にある駅でのプロジェクションマッピングです。山は天候の変化が激しいため、機材を屋外に露出することが出来ないという厳しい条件があります。まず、機材の設置条件が最優先されたため、建物の正面にある小屋の2階から投影することになりました。

2階の窓を開けて、プロジェクターから映像を投影すると建物に対して斜めからの投影になることがわかりました。その場合は、映像面の右端と左端では、プロジェクターと建物の距離が一定ではないので、ピントが一部にしかあわないという問題が発生しました。そのため、映像の中央部あたりにピントをあわせるように設定を行いました。

建物が大きかったため、プロジェクターを2台使いました。2台使いますが、同じ映像を同じ場所に投影するスタック投影という方法で、映像の明るさを確保しました。1カ月間、開催しましたが、2台のプロジェクターを使うことで、映像のズレなど機材の管理の手間がかかりました。

◉六甲山上駅 六甲ミーツ･アート 芸術散歩2010の事例

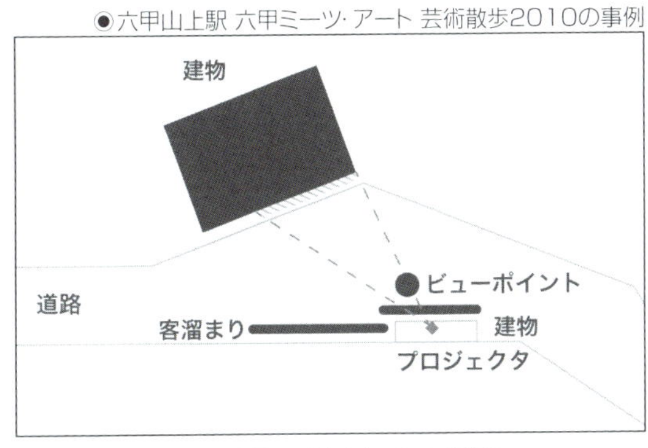

設置例③　斜めからの投影

事例④　川の岸壁(大規模な投影)

川の対岸に対して、プロジェクションマッピングを行いました。映像は対岸の岸壁に映し出され、観客とプロジェクターは手前側の岸に配置されます。映像の横幅は、40～50mを想定して、飛距離もあるため大規模のプロジェクションマッピングになります。

プロジェクターは、3m程度の足場を組み、観客の頭上を超える形で投影されます。岸壁の汚れがあり映像がはっきりと映らなかったので、プロジェクターを3台程度使い、スタック投影を行いました。

◉鴨川　京の七夕2013の事例

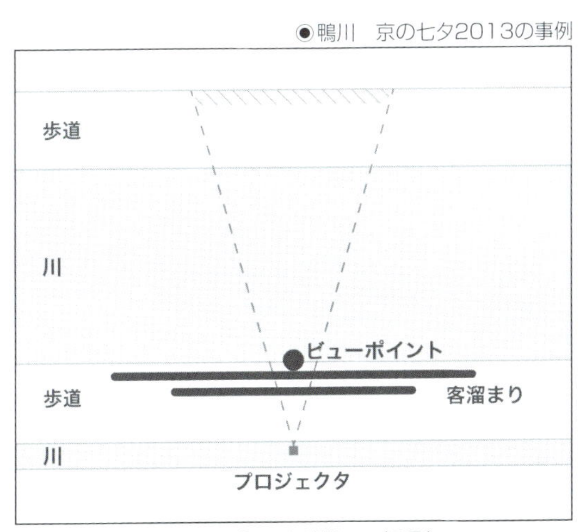

設置例④　川越しの投影

投影するのは、ただの壁なので形に特徴はありません。ただし、川の水面に映像が反射するため、鏡面効果を使ったコンテンツ制作を意識しました。

対岸の映像が投影される面は、奥行が2段階ある岸壁になっているため、真正面から外れて映像を見ると、すぐに歪んで見え、歩道が長いために、観客も両側に広がりやすく、こちらの意図した映像が見えない問題がありました。

岸壁の向こう側が、道路があり交差点になっているため、映像やレンズの光が車の運転手の邪魔にならないように、警察からの指導がありました。

事例⑤　都会の商業施設（近距離からの投影）

都市部の大通りに面した商業ビルへのプロジェクションマッピングです。今までのプロジェクトでは、私有地や自治的な場所におさまっていましたが、今回は公道をはさみクライアント以外から土地を借りる許可を得て、広告物や景観の条例などに配慮した事例です。

道路を走る車やバスに映像がかからないように、3m程度の足場を組みプロジェクターを設置しました。街中は、障害物も多く、正面の近い場所からの投影になったため、最も広角なレンズを使用しました。

建物正面は、大きな木が生い茂っているため、観客は正面ではなく、建物全体を見ることができる道路を挟んだ対角にブロックの歩道や陸橋から見ることになりました。

●東急ハンズANNEX店の事例

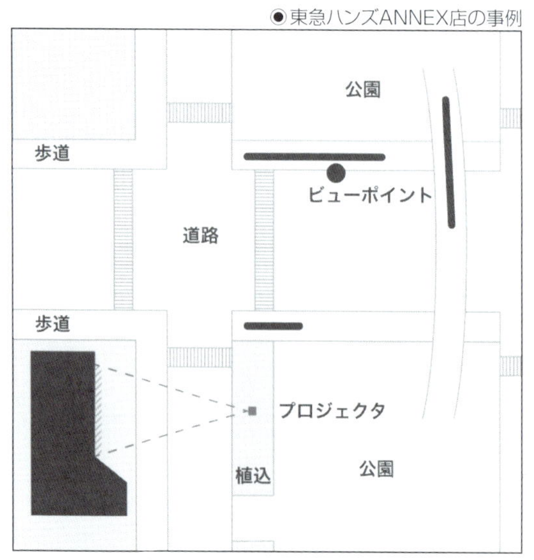

設置例⑤　都市部の商業ビルへの投影

SECTION-20

プロジェクションマッピング制作のテクニック

プロジェクションマッピングの制作を始める前に、ロケハンでの調査、撮影、画像素材の準備、加工、パソコンとプロジェクターの接続など重要な仕事を紹介します。プロジェクションマッピングの制作でつまずかないように、多岐にわたる範囲になりますが、解説を行います。

プロジェクションマッピングでは、計画性が大事なので、小さな不備から大きな失敗を起こしかねないため、確実な仕事が求められます。失敗を起こしやすい仕事やコツがある仕事とも言えます。

テンプレートの制作

テンプレートの制作には、「パソコンから作る方法」と「カメラから作る方法」の2つの方法があります。最終的には、どちらもパソコンでの加工が必要になります。

◉テンプレートの色を塗り分けたデータ

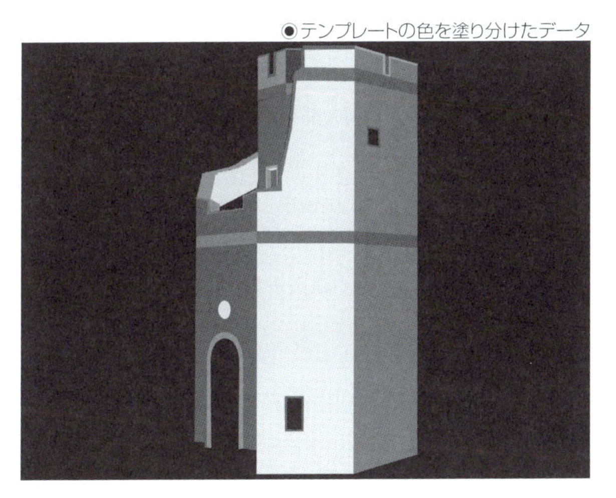

テンプレートは、建物の形や詳細を描き分けたものです。線画や色面で塗り分けた状態になります。黄、赤、青、緑、白、黒と色面にすると見分けがつきやすくなります。実際にテンプレートを制作するときには、色面でないと見分けがつきにくくなります。テスト投影を行う場合は、最初に色面のテンプレートを投影して、ズレがないかを確認します。最終的に、テンプレートデータとして整理した段階になると、線画の状態で利用します。

パソコンからテンプレートを作る方法

この方法が、オーソドックスで確実な方法です。次のような条件の時に、可能になります。

- テスト投影が出来る
- テスト投影の時に、パソコン作業をする時間がある

プロジェクターとパソコンを接続して、IllustratorまたはPhotoshopを立ち上げます。パソコンとプロジェクターは同じ画面が表示されている状態(ミラーリング)にします。プロジェクターの最大解像度に合わせて、ファイルを新規作成します。

建物や対象物に映像が投影されている状態にして、ペンツールやペイントツールで塗り絵していきます。図形のように直線や曲線が多い場合は、ペンツールが使いやすいでしょう。一方、直線や規則的ではない形の場合は、ペイントツールの方が使いやすいことがあります。

◉多面体の立体物のテンプレートを制作している状況

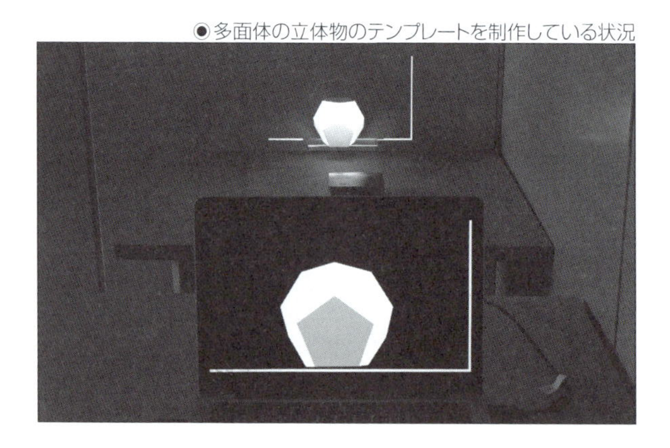

パソコンのディスプレイではなく、投影された映像を見ながら、描いていきます。細かい作業なので、マウスやペンタブレットを活用します。アプリケーションの画面表示をフルスクリーンに設定してから、描いていきます。画面上での位置がずれると、映像もずれます。

これがテンプレートのデータになります。Illustratorのペンツールで制作した場合は、テンプレートをPhotoshopに読み込ませます。Illustratorは、アートボードのみをフルスクリーン表示する設定がなく、スクロールバーがズレの原因になる可能性もあるため、Photoshopで確認を行います。

◉多面体の立体物のテンプレート

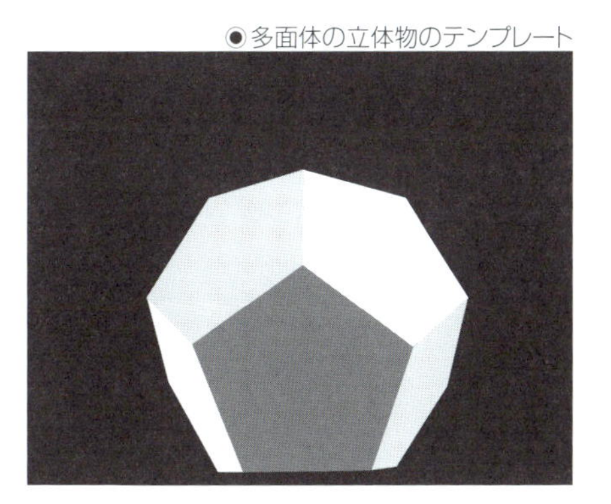

カメラからテンプレートを作る方法

この方法は、テスト投影ができない場合や建物や対象物が細かすぎる場合に役立ちます。ただし、注意点は、次の点が確定している場合です。

- プロジェクターの設置場所
- 映像を投影する範囲

カメラのレンズをプロジェクターのレンズに近づけます。もちろん、プロジェクターが無い、設置できない場合は、プロジェクターのレンズのある場所を想定して、カメラを構えます。プロジェクターがあったとしても、対象が細かすぎる場合は、カメラで撮影します。

プロジェクターは、電源を入れ、映像を投影します。PhotoshopやIllustratorなどで、新規作成し、フルスクリーンで白いイメージを投影します。

◉カメラのレンズをプロジェクターのレンズに近づける

プロジェクターとカメラの画角を同じにします。言い換えれば、映像を投影する範囲とカメラに映る範囲を同じにするとも言えます。出来る限り状況を同じにして、物の見え方を近づける意図があります。プロジェクターの投影されている範囲より、一回り大きく撮影を行います。破線の枠が映像の範囲です。

●細かい対象に映像を投影する

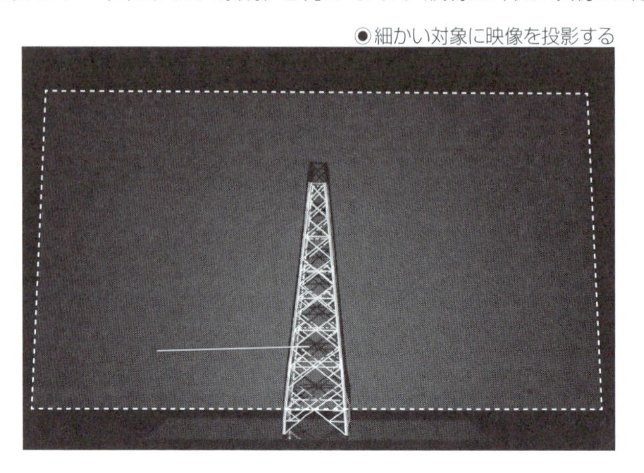

枠が台形になっているので、Photoshopに読み込み、トリミングと自由変形などの処理を行います。これで、台形から長方形のデータに加工したことになります。立体物であるため、枠から対象がはみ出ている場合は、対象も含めてトリミングを行います。

映像のサイズ、ここでは1920×1080に合わせて、画像を保存します。プロジェクターの映像の範囲に映っている部分が、実質的にテンプレートになると言えます。

●トリミングと自由変形した画像

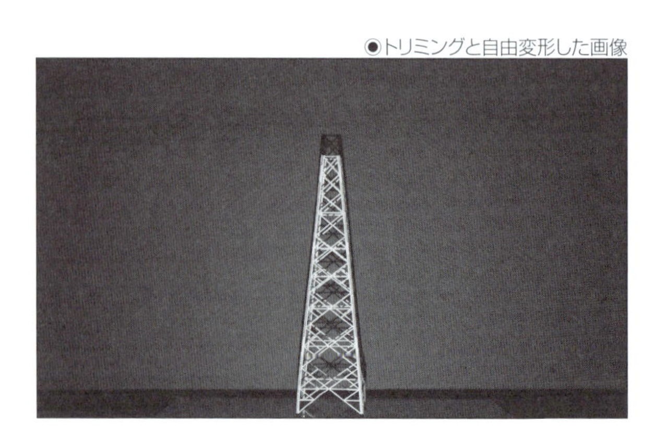

さらに、テンプレートとして完成させるためには、パス、シルエットのデータ、色面にして違いが見えやすくするなど、加工が必要になります。トリミングした画像を画像補正することで、シルエットのような画像を作ることができます。プロジェクターからこの画像を対象物へ投影してみます。

◉画像の加工

そして、投影しながら、必要に応じて、画像の移動や拡大縮小をして、調整を行います。この場合、基本的には、プロジェクターの設定を変えず、パソコンやPhotoshopの設定を変更して調整を行います。対象と映像を重ねた場合、完全に一致しない部分が出てきます。これは、カメラを使った簡易な作成方法であるため、当然と言えます。画像にズレがある場合は、ペイントツールや消しゴムツールで修正を行います。

◉シルエット画像を投影

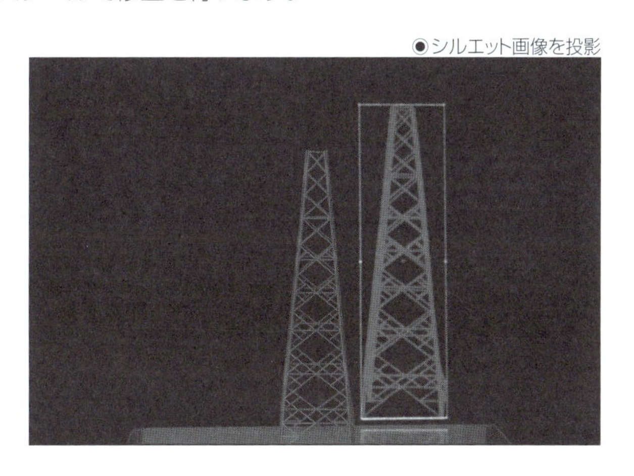

SECTION-21

投影する建物の大きさと距離の推測

映像を投影する建物の大きさ、その建物とプロジェクターの距離を計測して、本当に映像が投影できるのか、事前に検証する必要があります。Googleマップやillustratorなどのツールを用いて、推測します。

推測する場合の状況

次の状況であれば、推測する方法をとります。

- レーザー距離計が無い
- 20m以上のメジャーが無い
- 実測が出来ない場所にある
- 大きすぎる建物

必要な寸法、測定する箇所

映像を投影する場所の大きさになるため、最も知るべき寸法です。これは、立面図になるため、人が立って見た状態の建物の姿になります。建物の縦と横の比率は、撮影を行って写真をもとに概算を行います。

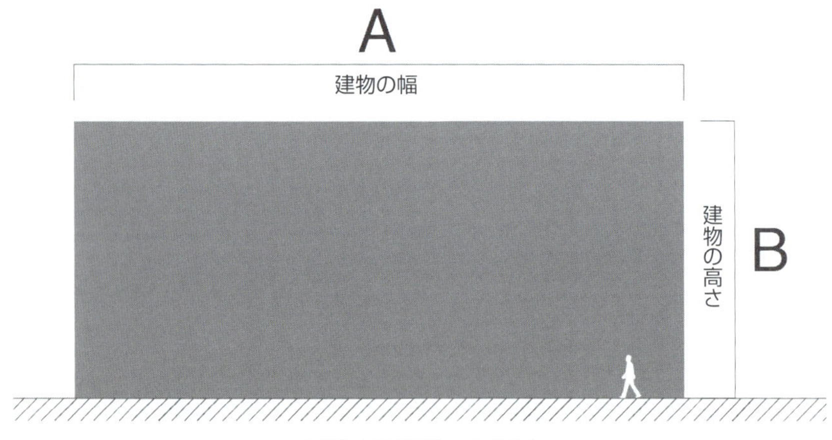

計測する箇所　立面図

プロジェクターの設置予定場所

右の図は、平面図になります。つまり、Googleマップと同じ視点になります。建物と建物の距離がDになります。これが、建物正面に対して最も遠い場所にあたります。そこに、プロジェクターを配置すると決めます。Cは、道幅になりますが、ABCDの中で、最も短く唯一計測できる場所になります。

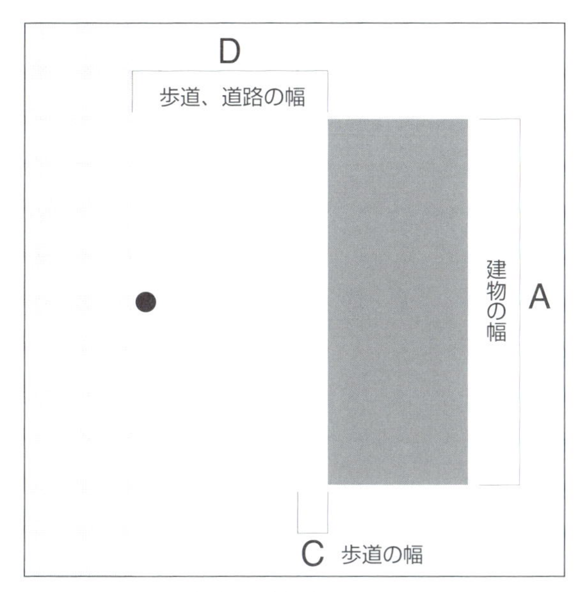

計測する箇所　平面図

設置予定場所の実測

メジャーで測定可能なCをはかります。実際に測ったところ、312cmでした。概算用なので、端数や細かい部分について、あまり神経質にならなくて良いでしょう。ただ、歩道といっても、赤いブロックの部分のみを測定している理由は、Googleマップから見える範囲だと、「C(歩道の幅)= 312cm」想定して判断しています。

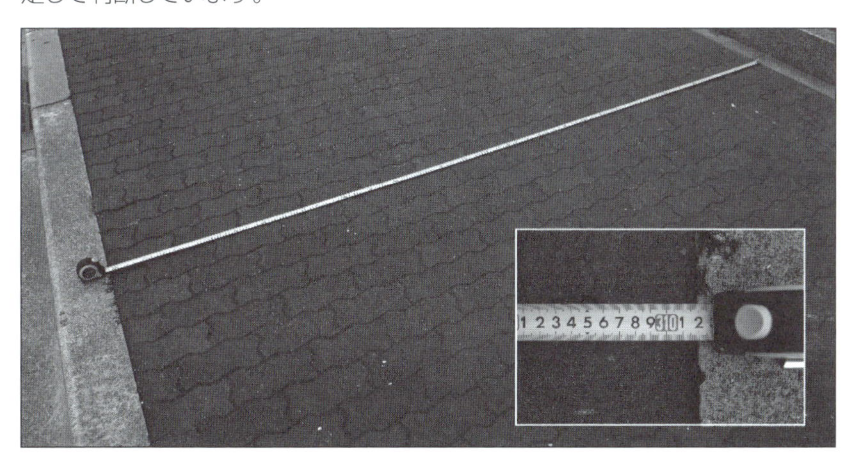

実測の状況

Googleマップの画像からIllustratorで比率を出す

建物をGoogleマップで検索して表示します。建物を画面の中心に大きく配置して、スクリーンショットを行い、画像として保存します。

スクリーンショット画像をIllustratorに配置し、計測したい道や建物を計りやすいように、[回転ツール]を使って、垂直水平にし、スクリーンショット画像を傾けます。

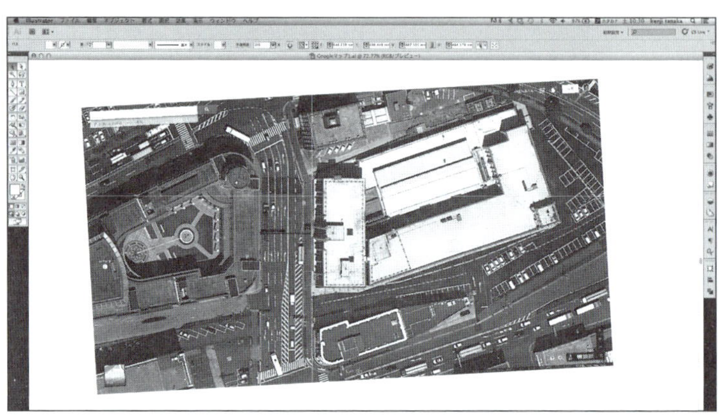

スクリーンショット画像の配置

まず、A(建物の幅)、C(歩道の幅)、D(歩道、道路の幅)に対して、それぞれ同じ長さの線をペンツールで引きます。

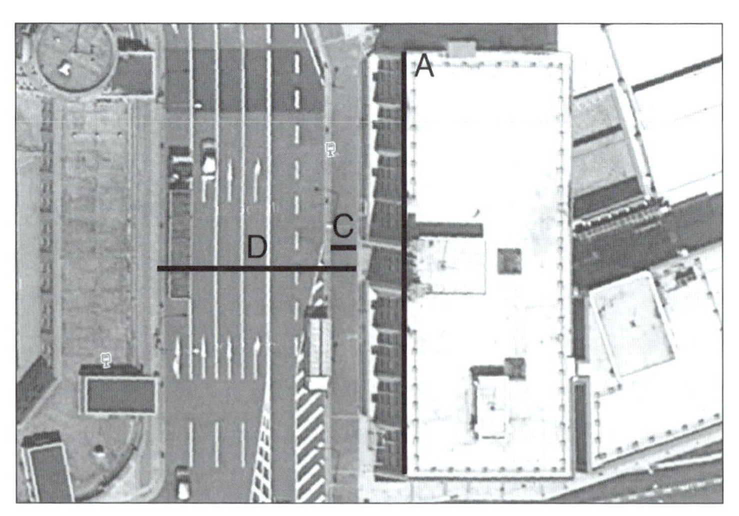

スクリーンショット画像に線を引く

選択ツールで、線をそれぞれ選択すると、変形ウィンドウで線の長さを数値で確認することができます。数値の単位は、mmに変更しておきます。選択ツールで、実測した道の線を選択すると、変形ウィンドウに数値が表示されます。

C線の長さ = X

Cの線を選択して、長さを確認します。そして、縮尺を1/10や1/100などわかりやすい数値に置き換えます。数値が明確になり、間違いも起こりにくくなります。また、縮尺が小さいと、ウィンドウの中で大きくなり過ぎずに、扱いやすくなります。1/10の縮尺にするには、次のような式になります。

312cm(実測した長さ) ÷ (0.1 × X)(線の長さ)=Y

変形ウィンドウのボックスのXに「*」(アスタリスク)と先ほどの計算の解であるYを入力するとかけ算になります。Xに0.1を掛けたのは、小数点の1をずらして、数字を小さくする意図があります。これで、1/10のスケールになります。0.1を掛けない場合は、1/1になりますが、Illustratorの中では、大きすぎて表示できないことがあります。

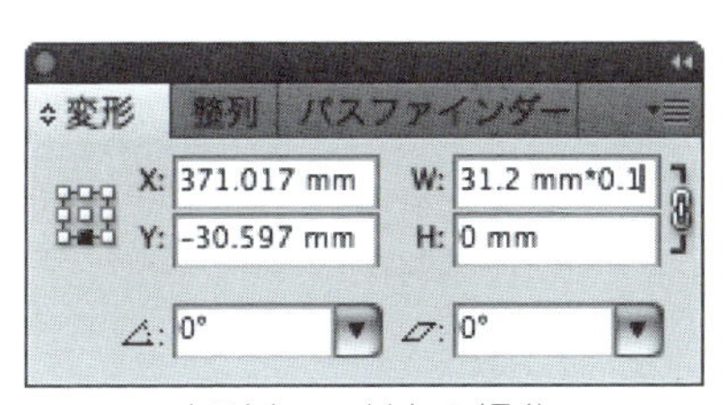

変形ウィンドウの操作

以上のような作業を、すべての線に対して行うことから、長さの答えを出すことができます。縮尺の計算は、間違いや勘違いすることも多いため、よく確認しながら行いましょう。

A……5020cm(50m20cm)
B……2220cm(22m20cm)
C……312cm (3m12cm)
D……2420cm(24m20cm)

SECTION-22

プロジェクターとパソコンの接続方法

テスト投影や本番で使用するパソコンとプロジェクターの性能を確認しましょう。テスト投影の場合は、屋外や環境が整いにくい場所で行うためノートパソコンが便利です。デスクトップのようにディスプレイを用意する必要もなく、プロジェクターで投影する映像と同じものが手元で確認できるからです。さらに、ノートパソコンとプロジェクターの解像度とアスペクト比を事前に確認しておきましょう。

機材の性能の確認

使用する機材の性能は次の通りです。なお、性能の調べ方は、「①インターネットでメーカーサイトや型番を検索する」「②付属の説明書を見る」「③パソコンの場合はハードウェアやシステムの情報の1つとしてディスプレイの性能を確認する」があります。

◉使用する機材の性能例

機材	型番	解像度	アスペクト比
ノートパソコン	MacBook Air 13inch	1440×900	16:10
プロジェクター	IPSiO PJ WX2130	1280×800	16:10

プロジェクターとパソコンの接続

プロジェクターとパソコンを映像ケーブルで接続します。プロジェクターは、入力端子が複数あるため、端子の種類(HDMI、DVI、VGAなど)を確認して、ケーブルの接続をします。

ノートパソコンや小型デスクトップ(Mac mini)などのは、機材が小型化されているため、小型な映像端子であるmini displayport(ミニディスプレイポート)が採用されていることがあり、変換プラグが必需品です。

◉プロジェクターの入出力端子

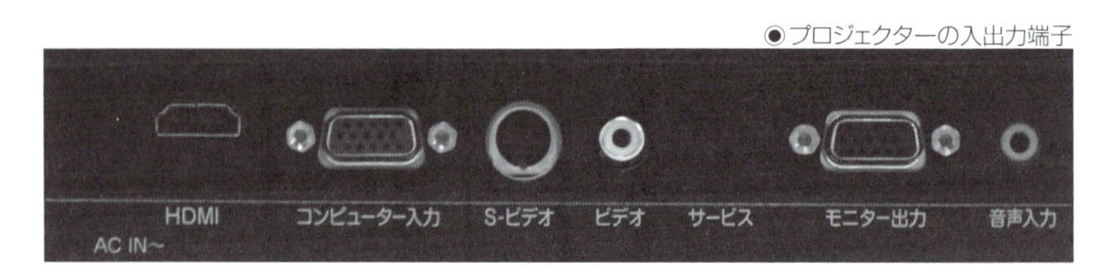

Macのディスプレイ設定

パソコンでディスプレイ設定を表示します。Macの場合は、[アップルメニュー]の[システム環境設定]から[ディスプレイ]をクリックします。

ディスプレイの設定から「ミラーリング」を行います。「ミラーリング」とは、映像を表示できる機材を複数接続した時に、同一の画面を表示することができます。ミラーリングをしなければ、別々の画面を表示することになります。

パソコン上の設定で、ミラーリングを行い、パソコンとプロジェクターが同じ表示になるようにします。ディスプレイ設定の中に、ミラーリングのボタンがあります。

●ミラーリングの設定(Macの場合)

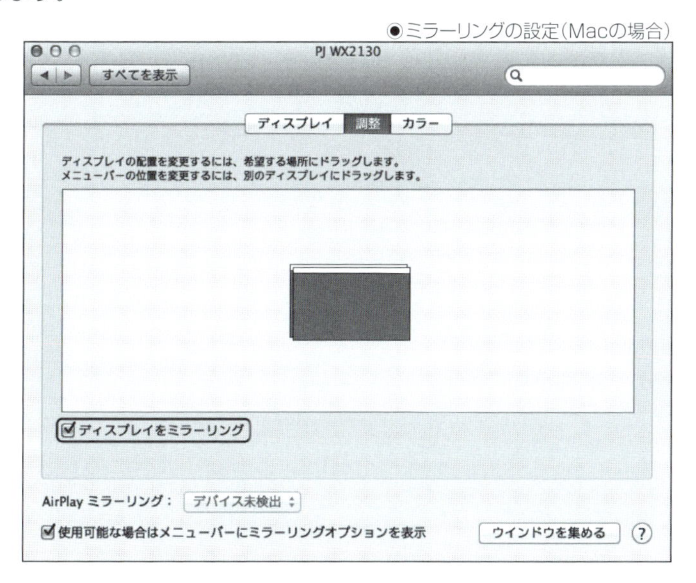

自動的に、解像度が設定されますが、プロジェクターの解像度とノートパソコンの解像度が適合しているかを確認します。

注意点は、プロジェクターとノートパソコンでアスペクト比が異なる場合は、ディスプレイの両側が黒く欠ける場合があります。また、解像度の一覧の中に、性能より高い解像度が表示されることがあります。「圧縮表示」と言い、より高い解像度を入力しても、問題なく表示できる機能があるプロジェクターがあります。この機種の場合は、1600×900ピクセルまで対応ができます。しかし、その設定によって細かく表示されるわけではなりません。

Windowsのディスプレイ設定

デスクトップ画面を右クリックし、メニューから、[画面の解像度]をクリックすると画面の解像度ウィンドウが表示されます。まず、確認する点は、上部にデスクトップまたはディスプレイの絵が表示されているところです。2つのデスクトップにそれぞれ①②と表示されている場合は、ミラーリングされていません。その場合は[複数のディスプレイ(M)]の右側にあるプルダウンメニューをクリックして、[表示画面を複製する]をクリックします。

●ミラーリングの設定(Windowsの場合)

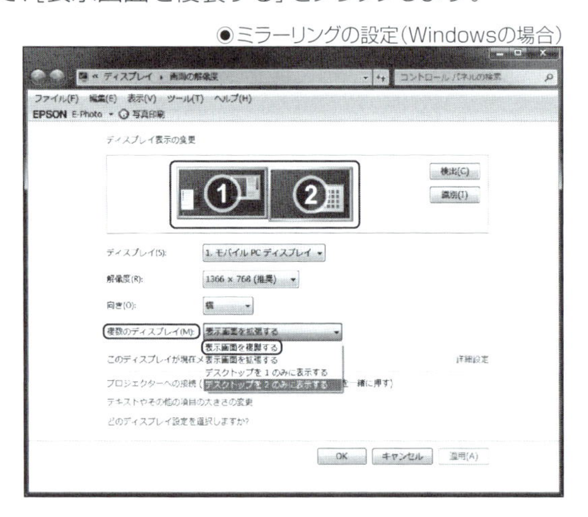

表示が変わり、上部のデスクトップの1つの絵に、①と②が同時に表示されているか確認します。また、[解像度][複数のディスプレイ]の項目も間違いがないか確認をします。最後に、[適用(A)]をクリックすると、設定が反映されます。

●解像度の設定

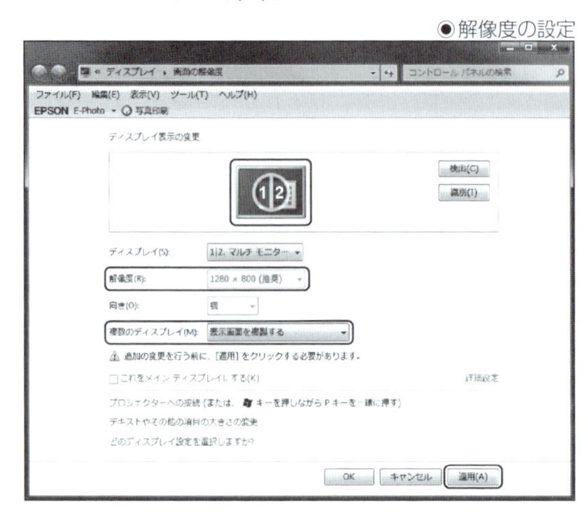

SECTION-23

アプリケーションについて

プロジェクションマッピングの制作には、いくつかのアプリケーションを使います。その中でも、さまざまな場面で使用するのは、AdobeのPhotoshop、Illustrator、After Effects、Media Encoderなどがあります。

アプリケーションの役割

これらのアプリケーションは、基本的であり、かつ高度な表現が可能です。しかし、プロジェクションマッピングの制作では、使う機能は限られています。もちろん、映像コンテンツとなるグラフィックや映像を制作する方法は、高度かつ複雑化していく可能性はあるでしょう。

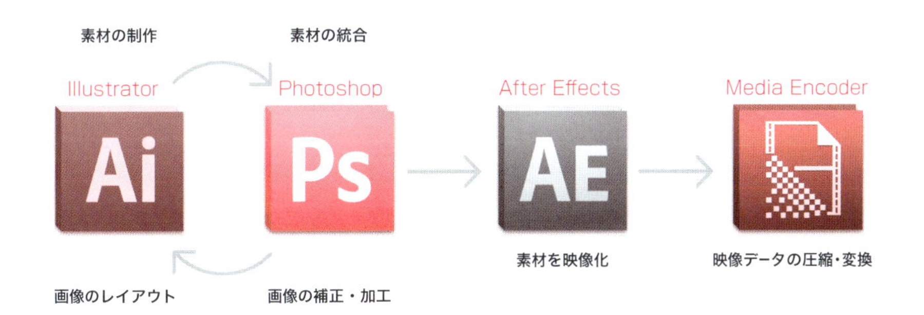

アプリケーションの役割と関係

画像の補正や統合・管理は、Photoshopで行い、レイアウトやグラフィックの制作は、Illustratorを行います。画像を書き出して、それを素材としてAfter Effectsに読み込み、映像化していきます。素材の内容によっては、PhotoshopやIllustratorのレイヤー情報をいかすために、AIやPSDデータの状態で読み込むなど、アプリケーション同士で連携することができます。

また、PhotoshopとIllustratorで、同じ仕事が可能な場合がありますが、操作する人の使いやすさや効率を優先すれば良いでしょう。

映像が完成すると、映像を再生する環境(メディアプレイヤーやプロジェクションマッピングソフト)に合わせた映像の形式やビットレートにするために、Media Encoderを使い、データの変換を行います。

SECTION-24
プロジェクションマッピングにおけるPhotoshopの役割

Photoshopは、画像データを扱うときに必ず使用するアプリケーションです。画像を補正する機能に特化していますが、レイヤーの管理が行いやすいため、素材を集めてイメージを統合することにも向いています。そのため、イメージのバリエーションを制作する時に活用できます。

Photoshopを主に使う機会

- 撮影した写真の補正
- スキャン画像の補正
- プロジェクションマッピング用テンプレートの制作
- マスク・パスの制作
- キーイメージの制作（夜のイメージの制作）
- 映像素材の制作

キーイメージの制作

建物の写真を画像補正し、写真やグラフィックなどの素材を取り込み合成して、イメージを制作します。そして、レイヤーで分けて素材を管理し、いくつかのプランを保存することができます。また、建物の写真を夜の姿に加工し、実際に映像を投影した状態にして、プレゼンテーションで使用します。

キーイメージを制作する

写真からテンプレート、パスの制作(ペンツール)

写真からテンプレートを制作する場合は、写真を取り込み、ペンツールで建物の形をトレースしてパスを取ります。建物の輪郭、ディテールなど、可能な限り細かくパスを取ります。パスを制作することで、建物型の素材やマスクを制作することができます。

写真からトレースする

テスト投影からテンプレートの制作(ペイントツール)

テスト投影からテンプレートの制作を行う場合は、プロジェクターにパソコンを接続します。Photoshopの画面を表示させながら、ペイントツールで建物の形を塗り分けていきます。ペイントツールは、ペンツールに比べて、細かい部分や丸みのある部分を塗り分けるのに便利です。ビットマップデータになりますが、あとから、パスデータに加工することも可能です。

テスト投影からテンプレートを作る

テスト投影

Photoshopは、イメージをフルスクリーンに表示することが容易なため、テンプレートをもとに制作した静止画のイメージプランを、テスト投影で表示するときに役立ちます。

写真からテンプレートの制作を行った場合に、制作したイメージプランの確認を行います。テスト投影からテンプレートの制作を行った場合でも、本番まで数回テスト投影が行える時は、イメージプランの投影を行います。テンプレートの正確さの確認、機材やパソコンの設定の確認が目的です。

テスト投影をする

素材の制作

テンプレートが完成すると、実際に本番で使うイメージや映像を制作することができます。写真やグラフィックなど素材を取り込みます。補正やトリミングを行い、画像を整えます。その素材を使い、Illustratorでレイアウトや複製からイメージを制作することやAfter Effectsで素材に動きやエフェクトをつけて、映像を制作していきます。

素材を作る

Photoshopで使う主な機能

Photoshopは、数多くの機能を持つアプリケーションですが、プロジェクションマッピングの制作では、よく使う機能は限られていると言えます。もちろん、イメージを制作するための手法や表現には、無数の方法や機能があります。画像データの補正、加工からレイアウト、そしてキーイメージや映像素材の制作など、イメージの作り込みも行います。さらに、レイヤーごとに素材をAfter Effectsに読み込むことができます。

SECTION-25
プロジェクションマッピングにおけるIllustratorの役割

Illustratorは、画像のレイアウト、イラストやグラフィックなど素材の制作を得意としています。そのため、グラフィックデザイナーが、イメージや文字のレイアウトに使うアプリケーションとして有名です。主に線と面で画像が構成されるため、グラフィックやイラストの制作に向いています。

ペンツールでのベジェ曲線の制作や画像の配置、建物の輪郭を取りテンプレートを制作するような細かい作業にも向いています。ベジェ曲線で制作したパスデータは、編集可能かつ高解像度のため非常に汎用的です。さらに、レイヤーごとに素材をAfter Effectsに読み込むことができます。

Illustratorを主に使う機会

- マスク・パスデータの作成
- レイアウトの制作
- イラストやグラフィックなどの素材制作
- 映像素材の制作

素材の制作

画像の素材の取り込み、レイアウトすることから、キーイメージや映像用の素材を制作します。また、画像をもとに、イラストやグラフィックを制作することも可能です。写真やグラフィックをレイアウトすることから、テクスチャの制作、テンプレートに合わせてレイアウトすることでプランの制作ができます。

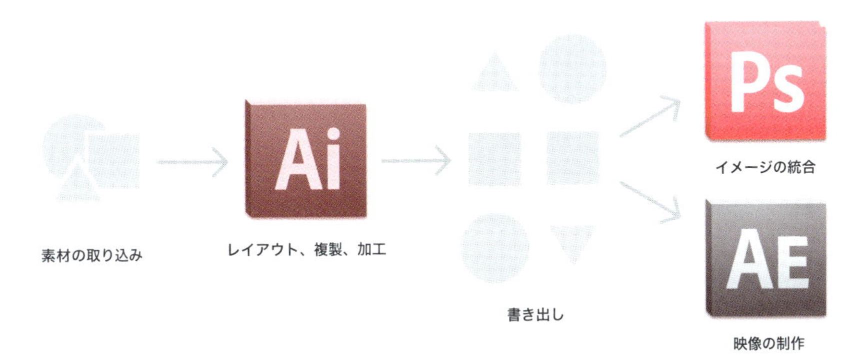

Illustratorによる素材の制作

テンプレートの制作(ペンツール)

Illustratorは、ベジェ曲線の操作がしやすいため、建物の形をトレースして、パスにする時に役立ちます。建物の写真やテスト投影するときに、Illustratorから、建物の形をペンツールでトレースしてできます。

しかし、Illustratorはフルスクリーン表示したときにも、スクロールバーが消えず、アートボードのみを表示できないため、不自由な場合があります。最終的には、建物のパスデータをPhotoshopに移行して、テンプレートを完成させます。

Illustrator でトレースを制作

ライブトレースをつかったパスデータの作成

Illustratorの有名な機能として、ライブトレースがあります。写真に写っている人や物のシルエットや柄を、自動でパスデータ化する機能です。パラメータの設定を変更することで、パスの境界線の位置が変わり、パスを調整していきます。この機能を活用して、イラストやグラフィックなどの素材を制作していきます。

Illustratorで使う主な機能

Illustratorは、非常にシンプルなアプリケーションです。ペンツールを使い、線と面で図形を構成していくことから、イラストやグラフィックを作ることができます。また、細かく正確なレイアウトや文字の設定も可能で、ベクトルデータによる編集のため、非破壊編集が行えるため、素材の制作や修正に役立ちます。そのため、レイヤーごとに素材をAfter Effectsに読み込むことができます。

SECTION-26

プロジェクションマッピングにおけるAfter Effectsの役割

After Effectsは、映像を制作する場合は、よく使用するアプリケーションです。アニメーションの制作、実写を含めた映像の加工やエフェクト、さらに3DCGのような効果を作ることも可能です。

静止画や実写映像などの素材を読み込み、動き、変化、効果をつけることで映像を完成させていきます。プロジェクションマッピングのテンプレートを読み込み、それに合わせて素材をレイアウトして、動きをつけていくことで、プロジェクションマッピングの映像を制作します。

After Effectsを主に使う機会

- 映像の制作
- 映像の画像補正やエフェクト
- 映像にマスクをかける
- CGやパーティクルの制作
- 本番用映像の書き出し

アニメーションの制作

素材を読み込み、コンポジションを作成して、位置や大きさなどトランスフォームのパラメータを設定していくことから、アニメーションの制作をしていきます。設定が終わると、RAMプレビューやレンダリングをすることで、映像として、動きの確認が行えます。

アニメーションの制作

コンポジションの編集

アニメーションや映像は、いくつかのシーンや手法に分かれている場合は、個別にコンポジションを作成して、編集を進めていきます。最終的には、複数のコンポジションを1つのコンポジションに統合させて、映像を完成させてレンダリングをして、ムービーファイルを書き出します。

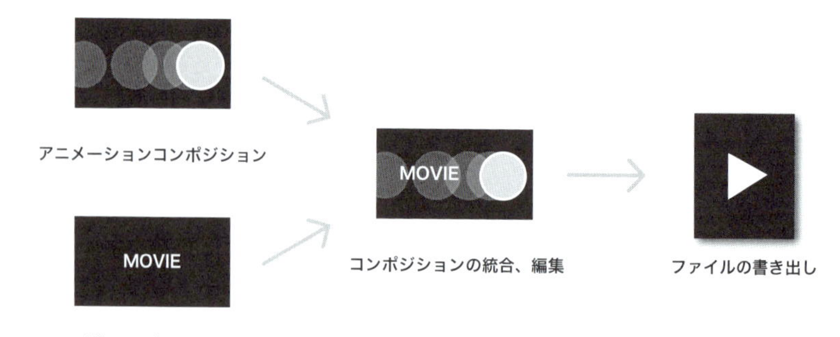

映像とアニメーションの合成および編集

エフェクト、パーティクルの制作

グラフィック、イラストなどの静止画素材、映像やアニメーションのなどの動画素材など、さまざまな素材に対して、エフェクトを追加して、色調補正から変形やぼかしなどさまざまな効果をつけることができます。また、平面レイヤーを新規作成して、雪を降らすことや光や炎などのパーティクルを制作することも可能です。より高度で高品質なエフェクトを制作するには、プラグイン（有償、無償もある）を追加して、機能を増やすことができます。

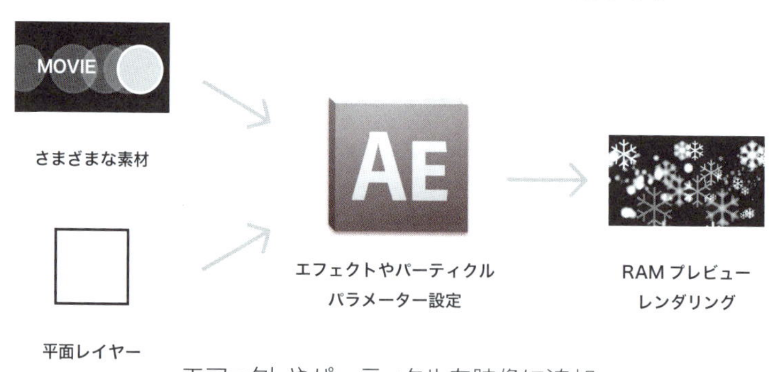

エフェクトやパーティクルを映像に追加

マスクの制作

Photoshopやlllustratorで制作したパスデータから建物のシルエットデータを制作します。透明度が保存されたPSD、PNGデータもしくはパスが保存されたAIデータが望ましいです。After Effects上で、建物の画像をもとに、パスデータを制作することも可能です。

コンポジションを新規作成して、タイムライン上にシルエットと素材のデータを配置します。シルエットのレイヤーを最上位にすると、マスクが完成します。

映像にマスクを合成

テンプレートへのマッピング

映像やアニメーションを編集したコンポジションとテンプレートを新規作成したコンポジションに読み込みます。読み込んだコンポジションは、1つの映像素材として扱え、コーナーピンというエフェクトを適応させると、映像の四隅を選択して、変形することができます。テンプレートを下敷きにして、コーナーピンを使いことで、形をテンプレートに合わせて変形させ、マッピングを制作します。

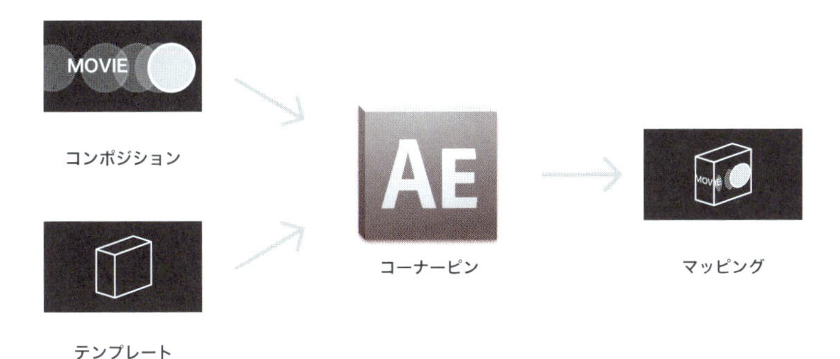

映像を変形させてマッピングする

After Effectsで使う主な機能

After Effectsは、さまざまな映像表現が行えるアプリケーションです。グラフィックやイラストから、アニメーションが制作できます。さらに、アニメーションや実写映像に対して、エフェクトやパーティクルをつけることもできます。

プロジェクションマッピングでは、映像制作以外にも、建物の形に合わせてマッピングやマスクを行う機能が最も重要です。

SECTION-27
プロジェクションマッピングにおけるMedia Encoderの役割

Media Encoderは、映像データを圧縮、変換するためのアプリケーションです。主に、完成した映像を、上映や再生する環境・機材に合わせたデータへ変換するときに使用します。また、Premiereで書き出しを行う時には、Media Encoderが書き出し設定やキューを管理します。

データ形式は、H.264の他にMPEGやMPEG4(MP4)にも変換することができます。そのため、メディアプレイヤーやプロジェクションマッピングソフトなど、高圧縮のデータや形式に対応したプレイヤー用のデータを作成することができます。複数の映像データを追加し、形式やプリセットを選択して、書き出しを行えるため非常に効率的です。

Media Encodeを主に使う機会

- 形式(コーデック)の変換
- ビットレートの圧縮
- 映像サイズの変換
- Premiereでの書き出し

映像データの変換

映像データを読み込むと、[形式][プリセット]という項目があり、プルダウンメニューから、いくつか選択することができます。[形式]から、コーデックを選択することができ、[プリセット]からは画質や大きさなど一般的なセットが選択することができます。

映像データの変換

映像データの設定

読み込んだ映像データを選択し、[設定…]というボタンをクリックすると[書き出し設定]ウィンドウが立ち上がります。そこで、プリセットには無い設定や詳細な設定を行うことができます。ビットレートの設定と映像のサイズの設定が数値入力することができます。メディアプレイヤーによっては、高いビットレート(例30Mbps以上)だと再生できない、不具合が生じることがあります。

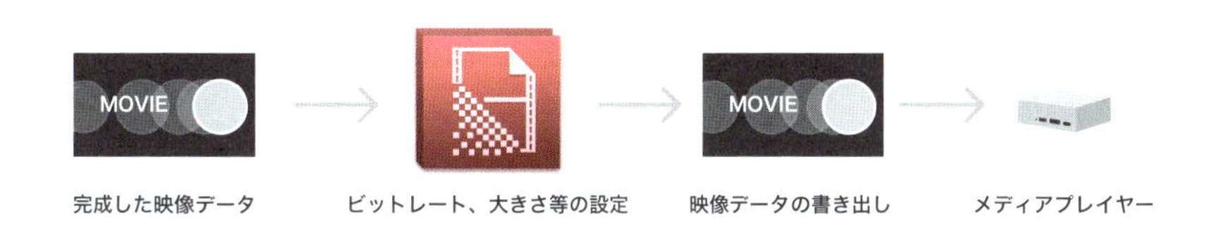

映像をメディアプレイヤー用に圧縮する

Media Encoderで使う主な機能

Media Encoderは、映像の変換や書き出しに特化した簡易なアプリケーションです。映像データとキューを表示するウィンドウと書き出し設定のウィンドウしかありません。形式とプリセットを選択しキューを開始することで、容易に書き出しが行えます。さらに、書き出し設定ウィンドウでは、詳細なカスタマイズ設定を行うことが可能です。

CHAPTER 4

プロジェクションマッピングの制作（基礎編）

SECTION-28

プロジェクションマッピングを体験する　ワークショップ①

ここでは、ペンや紙を使ったアナログ的な要素でプロジェクションマッピングの原理を理解しながら、プロジェクターを使い、実際のプロジェクションマッピングに近い制作をします。プロジェクションマッピングの仕組みやコンテンツ作りの基礎を学んでいきましょう。

用意するもの

- プロジェクター(ASUS S1)
- 卓上カメラ(IPEVO VZ-1 HD)または、デジタルカメラ、三脚
- VGA-HDMI変換アダプタ
- 方眼紙
- カラーペン
- マスキングテープ
- 立方体

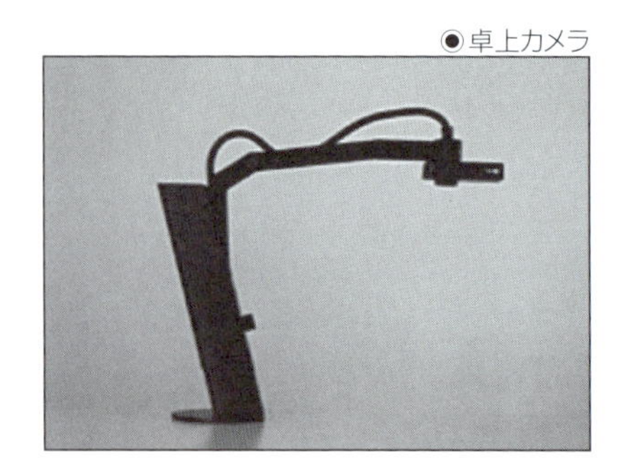
◉卓上カメラ

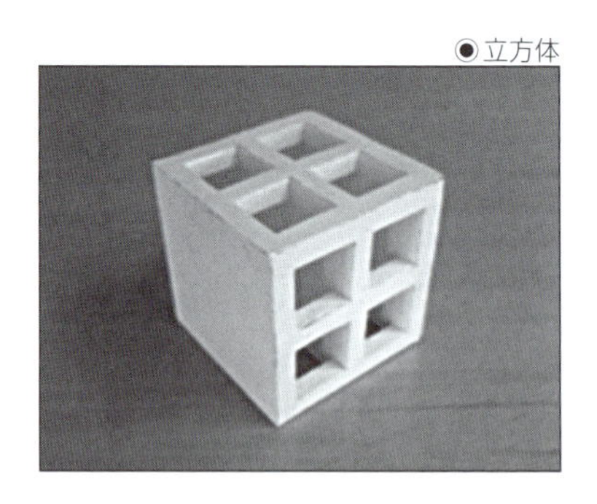
◉立方体

STEP-01 立方体の制作

まずは、立方体を制作します。簡易な展開図を用意しましたので、この図面をコピーします。出来れば、画用紙やケント紙など厚手の紙が良いでしょう。また、A4またはA3など出来るだけ大きい方が作業しやすくなります。

実線は、カッターナイフかはさみで切り取り、破線は、折り目をつけます。折り曲げる方向と反対側をカッターナイフで軽くなぞると折りやすくなります。のりしろに接着剤をつけて、立体にしていきます。もし、立体物の制作が困難な場合は、身近にある簡単な構造物を使っても問題ありません。

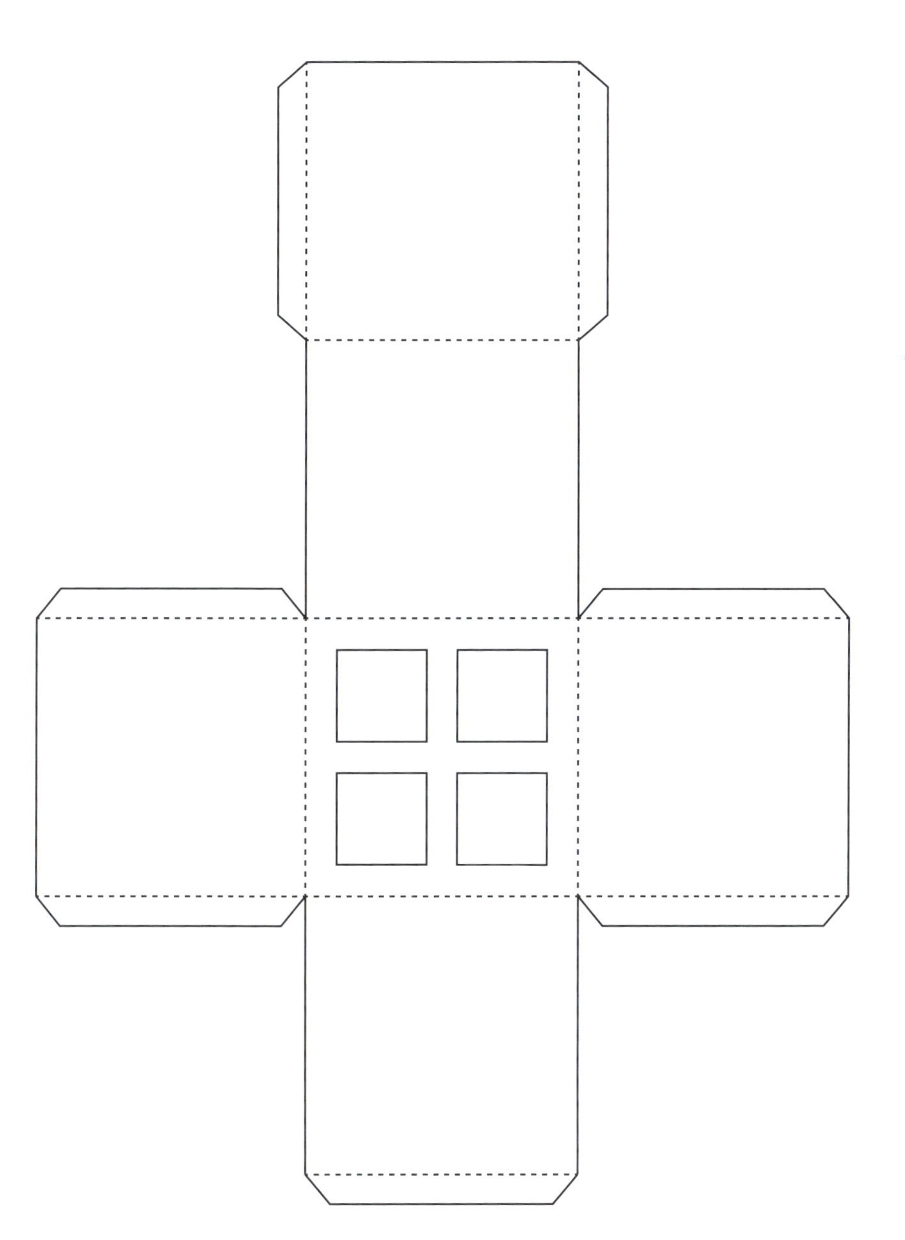

立方体の展開図（簡易版）

STEP-02 プロジェクターとカメラの設置

卓上カメラとプロジェクターを接続し、電源を入れます。プロジェクターは、入力信号があれば、自動的にカメラの映像が表示されます。この卓上カメラには、照明とオートフォーカスのスイッチ、解像度の選択ダイヤルがあり、設定を行います。

その正面にプロジェクターと立方体をセットします。立方体の角度を決めその中心の前に、プロジェクターのレンズの正面を配置します。立方体を乗せる適当な台を準備します。映像を投影した時に、台が無いと立方体の下部まで映像が映らない可能性があります。

卓上カメラの下に、方眼紙を置きます。方眼紙の前に立つと、方眼紙、卓上カメラ、プロジェクター、立方体が直線上に並びます。目線を下げると方眼紙が見え、目線を上げると立方体が見えるようになります。

◉プロジェクションマッピングの卓上セット

STEP-03 映像の投影

部屋を暗くして、プロジェクターの映像を確認します。映像の中心あたりに立方体を配置し、なおかつ立方体全体を映像が覆うようにします。プロジェクターのフォーカスを調整すると映像のピントが合い、方眼紙の線がはっきりして、立方体に投影されます。この時に、方眼紙の位置や向きを調整します。位置が決まれば、方眼紙をマスキングテープで机に固定します。

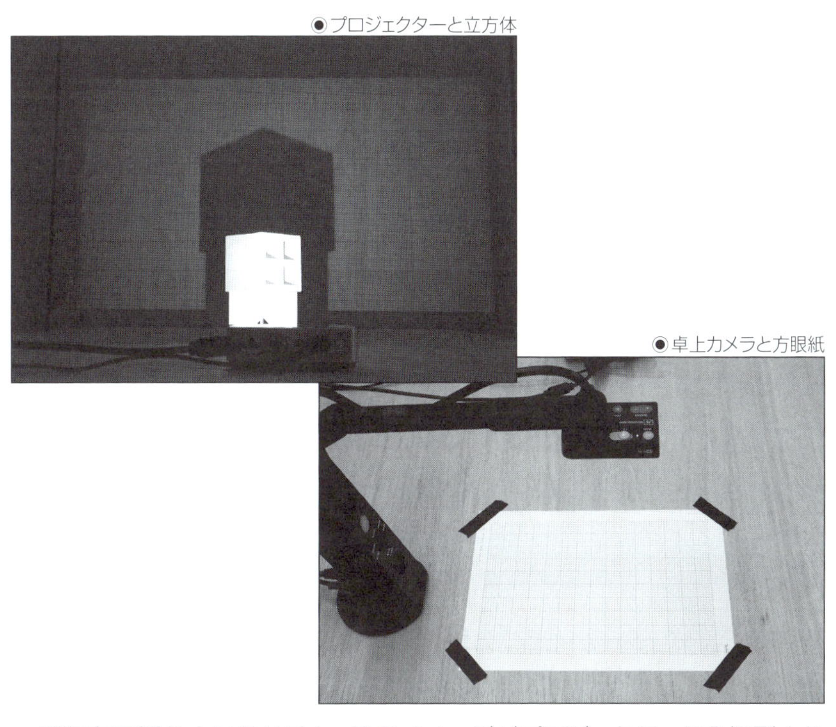
◉プロジェクターと立方体
◉卓上カメラと方眼紙

手を方眼紙の上にのせると、そのイメージがプロジェクターから投影されます。手を動かすと映像も変化することを確認します。プロジェクターの映像を見ながら、手を動かす練習をしてみましょう。

◉カメラの映像を投影する

STEP-04 映像を描く

慣れてきたら、卓上カメラが方眼紙のどこからどこまでの範囲をとらえて、プロジェクターに映像を表示しているかを確認します。表示している外枠が映像のフレームになるため、カラーペンで線を引いて映像が表示されている範囲を明らかにします。

◉表示している外枠を確認

◉ペンで方眼紙に描く

プロジェクターの高さから立方体を見ると、面が2つ見えます。その1面から、ペンを使って縁取っていきます。方眼紙の線を参考にして、どの角度で線を引けばいいのかを確認しながら、線を引いていきます。縁取りができれば、面を塗りつぶします。

◉方眼紙に描いた絵と立方体に投影した映像

1面が出来ると、ペンの色を変えて、別の1面に線を引いていきます。複雑な形の場合は、さらにペンの色を変えて、違いがわかるように塗り分けます。

線が立方体からはみ出た部分は、背景の壁に映るため確認できます。方眼紙のはみ出した部分は修正ペンや紙を貼って消します。

◉色を変えて詳細を描く

STEP-05 テンプレートの完成

最後に、もう一度全体を確認して完成です。方眼紙、立方体、映像の3つを確認します。ズレやはみ出しがあれば、気がついた時点ですぐに修正します。方眼紙、立方体、プロジェクターは、基準や条件と言えるので、動かしてはいけません。

◉立方体の面を塗り分けた状態

もし、あとからズレが発生した場合でも、次のような工夫をすることで対応することができます。

- 方眼紙、立方体、プロジェクター、映像の位置関係を撮影する
- それぞれの位置をマスキングテープで目印を入れる

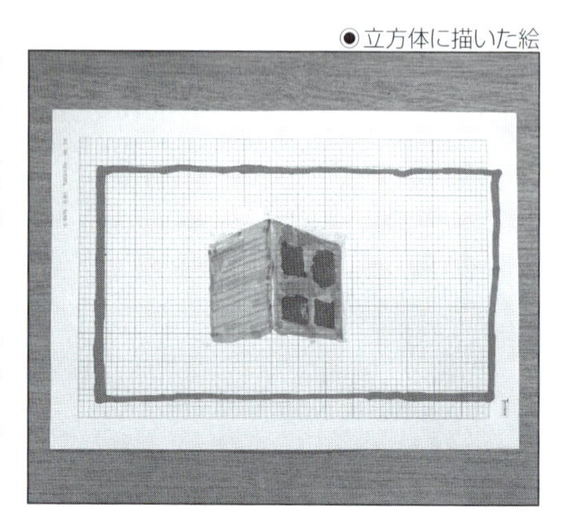
◉立方体に描いた絵

これで、プロジェクションマッピングを作る装置、状況が完成したと言えます。方眼紙に描いた絵が、プロジェクションマッピングの設計図であり原画と言えます。

今回の制作では、簡易なシステムを考えました。卓上カメラは、デジタルカメラと三脚で十分に対応ができます。

絵を確認すると、立方体の形が、真ん中の角が上に突き出るような形になっています。それは、立方体に対して、プロジェクターの方が低い位置にあったため、見上げるような視点であることが理由です。

描いた絵をよく見ると、どのような環境で映像を投影したのかがわかってきます。この行程によって、立方体に投影した映像が、方眼紙の平面上に描いたときに、どのような形になるのかが、把握出来ました。これをもとに、映像の制作を進めることになります。

☆ワークショップ①のポイント

- 見る角度によって、立体物の見え方が変わっていく
- 位置や角度が少し動くことで、イメージは大きく変化する
- ある位置から見た立方体の形を絵にすると、プロジェクションマッピングの設計図になる

通常のプロジェクションマッピングの制作では、パソコンとアプリケーションを通して同様の作業を行います。デジタルデータで制作することにより、イメージの保存や修正ができること、形の応用や転用ができることがメリットになります。

SECTION-29

プロジェクションマッピングを体験する　ワークショップ②

ワークショップ①では、プロジェクションマッピングのテンプレートを手描きで制作することができました。次は、パソコンを通して、映像を投影することを行います。

STEP-01 テンプレートをパソコンに取り込む

カラーペンで描いたワークショップ①の方眼紙をスキャンして、パソコンに取り込みます。スキャナーの設定は、カラー画像で高解像度にして、画像をスキャンします。スキャナーは、プリンター複合機、スロット型スキャナー、コンビニにある大型複合機など、どれを使っても問題はありません。スキャンした方眼紙の画像をPhotoshopで開きます。

●手描きの絵を取り込む

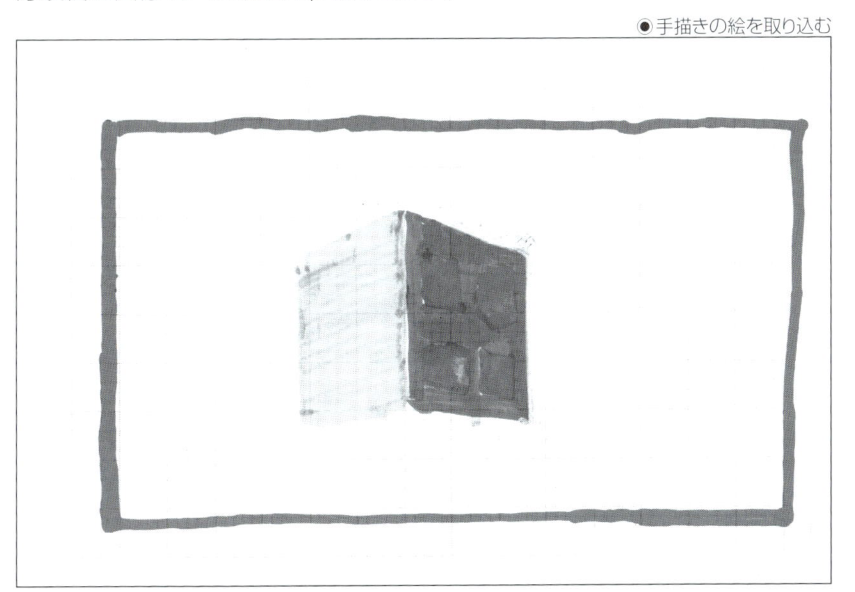

STEP-02 パスデータの作成

Photoshopのペンツールを使って立方体の外側のパスをとっていきます。

［パス］ウィンドウの下部にある［新規パスを作成］（❶）をクリックして、パスレイヤー（❷）を作ります。［パス1］が表示され、［ツール］ウィンドウにある［ペンツール］（❸）を選択すると、マウスカーソルが［ペン］に変更されます。

カラーペンで描いた作業と同じように、立方体の形を[ペン]ツールでなぞっていきます(❹)。1つのパスがとれると、[パス]ウィンドウの下部にある[新規レイヤーを作成]をクリックしてレイヤーを分けて作成をしています。左面1、右面1(全体)、右面2(四角4つ)の3つのパスをとります。

●Photoshopでパスレイヤーを作成

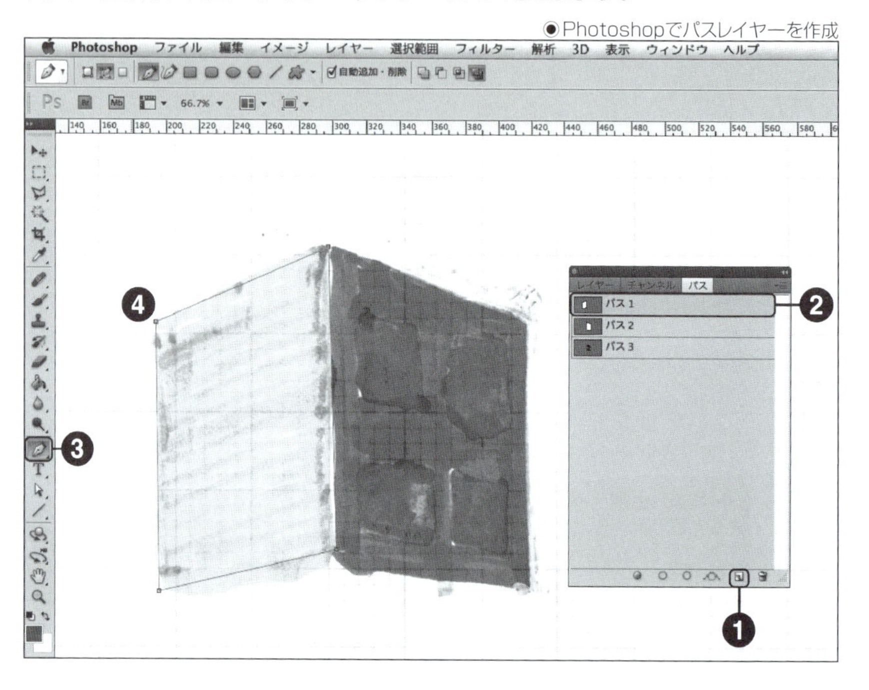

STEP-03 パスデータの応用

[パス]ウィンドウのイメージ部分(❶)に対してコマンドボタンを押しながらクリックすると、パスの表示が破線に変わり、選択範囲が表示されます(❷)。

[レイヤー]ウィンドウの下部にある[新規レイヤーを作成](❸)をクリックして、[レイヤー1]が作成します。

[スポイトツール](❹)を選択して、パスで囲った面の色に対して、クリックすると、色を抽出することができます(❺)。

[塗りつぶしツール](❻)を選択して、破線で囲われた選択範囲の中をクリックすると、カラーペンで塗った同色の色面で塗りつぶされます。これは、[レイヤー1]として保存します。

選択範囲の表示、新規レイヤーの作成、色の抽出、色の塗りつぶしという行程を繰り返し、残り2カ所も行い色面を完成させます。

◉選択範囲の作成

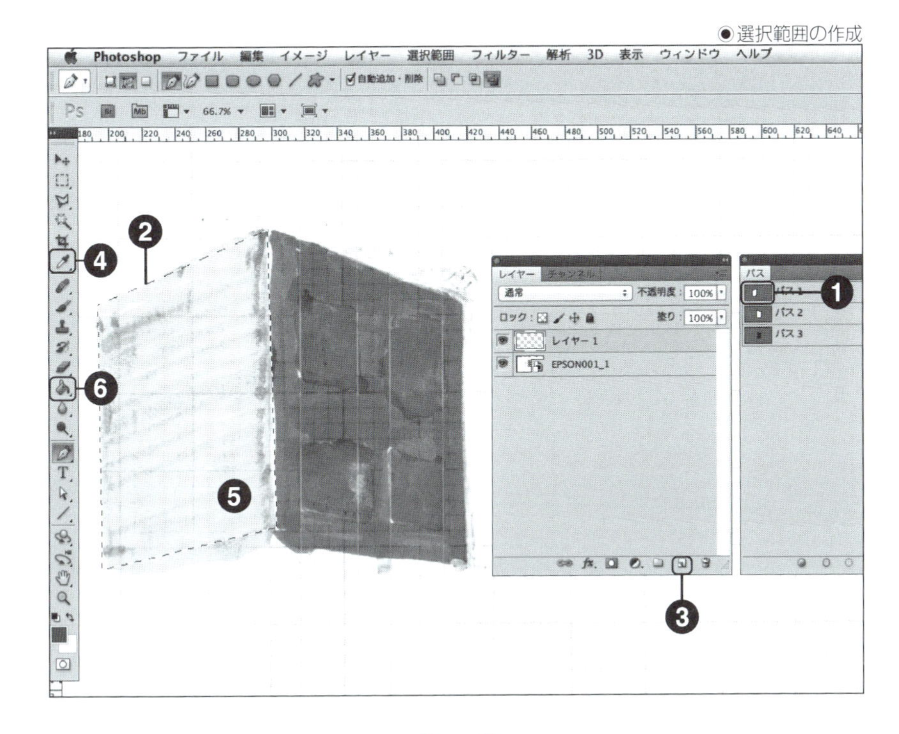

◉選択範囲の塗りつぶし

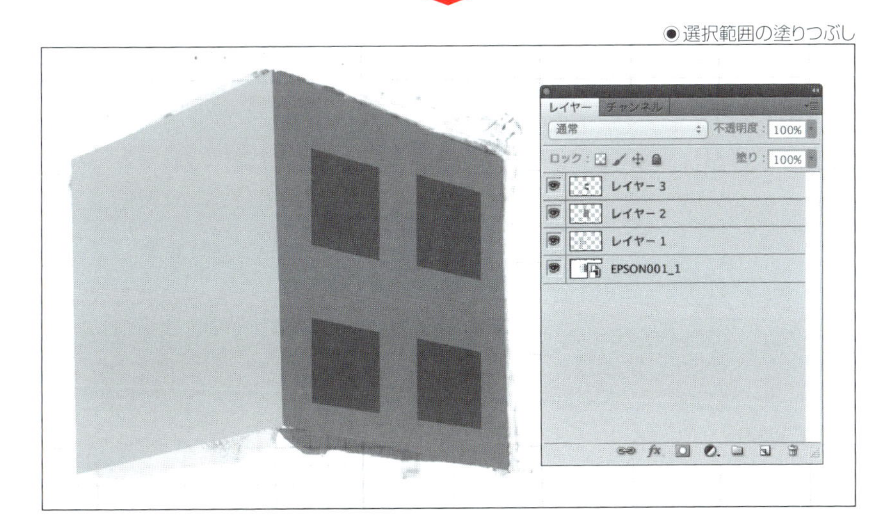

STEP-04 ファイルの保存

すべての色面が完成したら、ファイルメニューの[保存]をクリックし、[Photoshop]形式(❶)で保存します。このとき、レイヤー情報を保存するために[レイヤー](❷)というラジオボックスにチェックを入れます。今回は、「フォーマット.psd」(❸)というファイル名で保存します。

●ファイル保存の設定

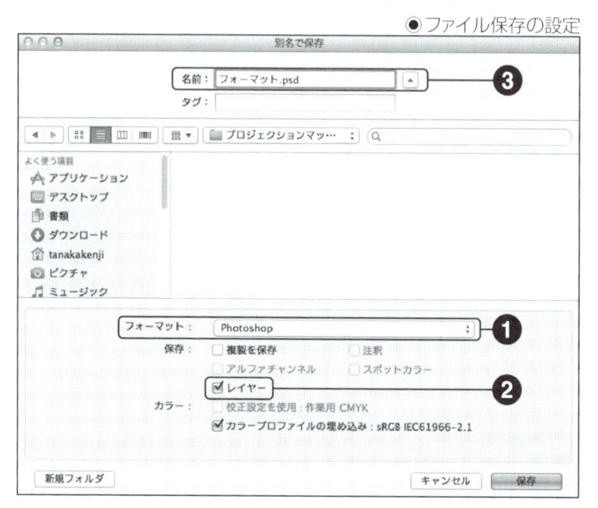

STEP-05 画像の合成とトリミング

画像の中で、映像が投影される範囲の枠を描いた線に合わせて切り抜きます。[ツール]ウィンドウの[切り抜きツール](❶)を選び、切り抜き範囲を選択して、切り抜きます(❷)。

●画像のトリミング

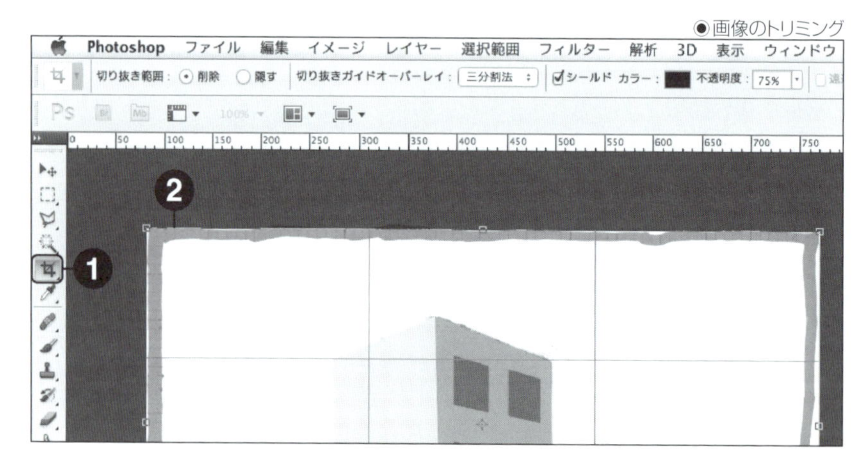

手描きの線が曖昧で切り抜く範囲がわかりにくい場合があります。その場合は、事前にプロジェクターから投影された映像を、真正面から撮影しておき、この写真を目視で確認するか、Photoshopに取り込み、テンプレートの画像と重ねて、切り抜く位置を確認すると、より正確に画像が出来ます。

取り込んだ画像(❶)を選択し、[不透明度](❷)を減らすと、画像が透けて見え、位置を確認しやすくなります。その後、取り込んだ画像の拡大・縮小や位置の調整を行いイメージがきれいに重なるようにします(❸)。配置が完了したら、映像の枠の正確な位置を確認して、切り抜きを行います。

◉ワークショップの記録写真とテンプレート画像の合成

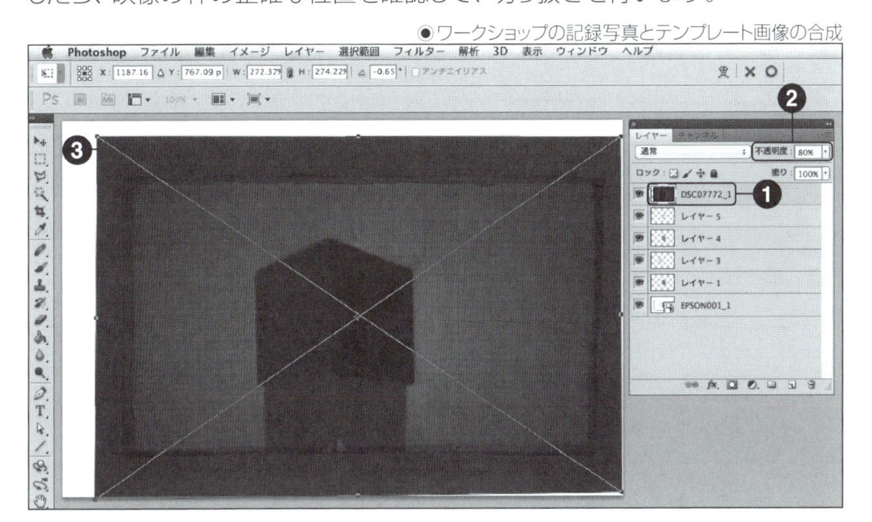

STEP-06 画像の解像度

切り抜いた画像が、プロジェクターの映像のサイズ(この場合1920×1080ピクセル)になっているのか確認します。

まず、[画像の再サンプル]と[縦横比の固定](❶)のラジオボックスにチェックを入れ、解像度に「72」と入力します(❷)。[ピクセル数]の幅と高さの単位を[pixel](❸)を選択して、幅を「1920」と入力し、[高さ]の数字が「1080」となるかを確認しましょう(❹)。数ピクセルの誤差であれば、[縦横比の固定]のチェックを外して、「1080」と入力しても問題ありません。誤差が大きい場合は、画像のトリミングや拡大縮小、撮影の状況に問題が無いのかを確認しましょう。

●画像解像度の設定

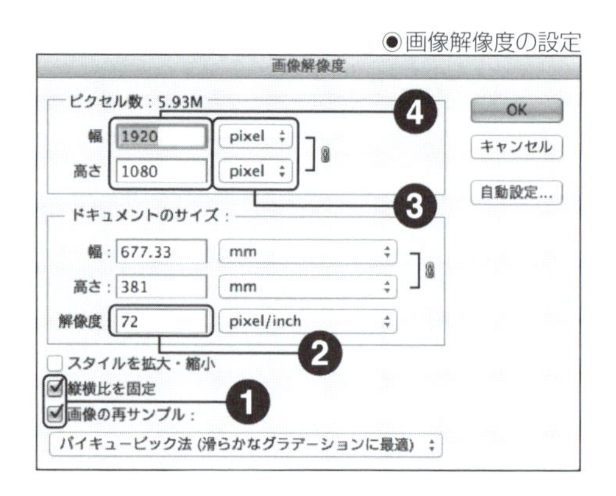

STEP-07 テンプレートの完成

映像を投影するために、背景を黒くします。新規レイヤーを作成し、[塗りつぶしツール]で背景を黒にします。

[レイヤー]ウィンドウにあるプロジェクターの画像、方眼紙のレイヤーを非表示(❶)にすると、Photoshop上で作成されたイメージだけになります。

これで、手描きしたテンプレートをデジタルデータにすることができました。

●レイヤーの設定

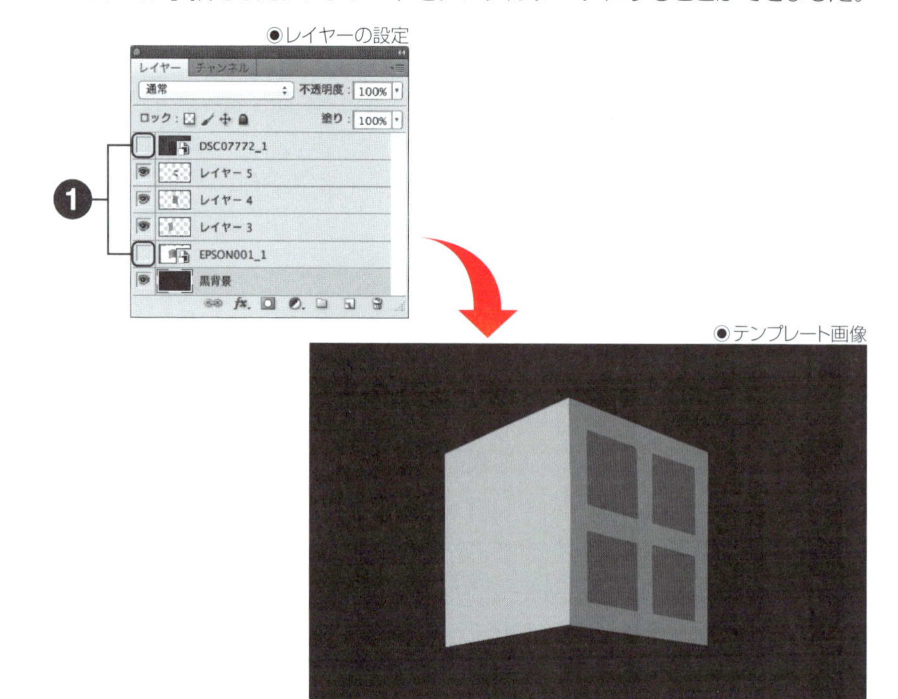

●テンプレート画像

プロジェクターでの投影確認

次は、このデジタルのテンプレートをプロジェクターを使って実際に投影し、ズレなく、投影できるかを試してみます。

STEP-01 イメージの投影

まず、パソコンとプロジェクターの接続設定を行います。先ほど、作成したテンプレート画像データをPhotoshopで開きます。画像の表示を100%表示にして、画像をフルスクリーン表示にします。通常は、画像がウィンドウの中に表示されている[標準スクリーンモード]ですが、プロジェクターで投影する場合は、[メニューなしスクリーンモード]を選択します。ショートカットでは、Fキーを押すだけで、スクリーンモードが順番に切り替わります。

表示サイズとフルスクリーンの設定がうまくいけば、作成したイメージのみがプロジェクターから投影されます。立方体に映像がプロジェクションマッピング出来ていれば成功です。うまく行かない場合は、データの作り方、パソコンとプロジェクターの設定、プロジェクターと立方体の位置関係の見直しが必要になります。

◉テンプレートの投影

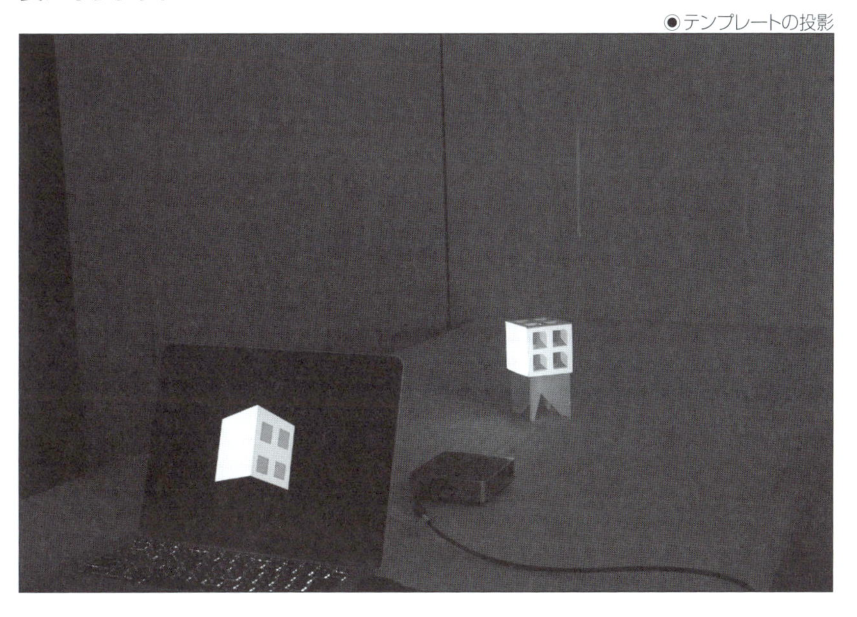

STEP-02 ズレの確認

全体的にズレがある場合は、画像データの位置を移動させます。部分的にズレがある場合は、まずプロジェクターの位置や向きを確認します。プロジェクターを少しずつ動かし、ズレが修正できるかを試します。

ズレが修正出来ない場合は、画像データを修正します。立方体を見ながら、パソコンの画面に表示されている画像を修正する作業になります。

☆ズレを確認するポイント

❶ 面のズレ

❷ 外側へのはみ出し

❸ 面内細部のズレ

◉テンプレート画像のズレ

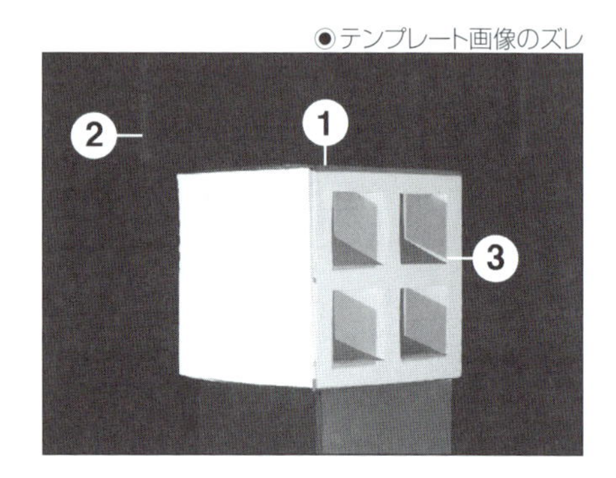

STEP-03 ズレの修正

ブラシツールを選択し、ブラシの種類やサイズを調整し、投影されている映像を見ながら、ズレ具合を変更します。小さなズレの場合は、3～10px程度に設定しながら進めます。スポイトツールで色を選択して、足りない部分をブラシツールで塗り足します。はみ出した部分は、黒色を選択して塗ります。以上の作業を繰り返していくうちに、ズレが修正できます。

これで、テンプレートのデジタルデータの作成が終わりました。ワークショップということで、手描きから始まり、パソコンで加工を行い、テンプレートのデジタル化まで行いました。今回は、プロジェクションマッピングの原理を理解するために手描きから行いましたが、実際のプロジェクションマッピングの制作においては、すべてパソコンから直接制作することで効率的な制作が行えます。次の項目から、実際の映像制作のやり方を解説していきます。

◉テンプレートの完成

SECTION-30

絵コンテの制作

前項のワークショップでは、プロジェクションマッピングのベースとなるテンプレートの作成が主でした。ここでは、実際に映像を作る行程について解説します。アイデア、絵コンテ、キーイメージ、映像の制作という流れで、段階を踏んで進めていきます。順序だった制作をすることで、グループによる制作も可能になります。

今回は、演習でありプレゼンテーションを行う必要がないため、絵コンテでアイデアを膨らましてから、キーイメージを考える手順にします。

映像のプラン

プランでは、与えられた企画、条件、環境から、いくつかのアイデアやコンセプトをまとめていきます。

◆ 立方体の特徴とアイデア

- 2つの面の形が異なるので、外側と内側のように役割を分ける
- 右面の格子状の形を生かす
- 立方体は「箱」という印象があるため、“箱を開ける”“中から出てくる”というイメージを膨らませる

◆ アイデア

- 「プレゼントの箱から、バースデーケーキが出てくる」

以上のように、立方体の形状と「箱」という存在から、映像の展開を考えていくことにします。特別なテーマや展開はありませんが、映像表現としてどう見せていけるかが、次の課題です。

絵コンテの制作

絵コンテの制作を始めるために、まず絵コンテのフォーマットを作成します。制作するものは、プロジェクションマッピングのテンプレートを線画にしたイメージの絵コンテ表です。Illustratorを使い、絵コンテ表の制作を行います。絵コンテの制作は、印刷したものにスケッチを行うか、パソコンの中で直接描画することもできます。

STEP-01 テンプレートの線画作成

Illustratorで新規ドキュメントを作成し、前項のワークショップで作成したテンプレート画像をIllustratorに配置します。

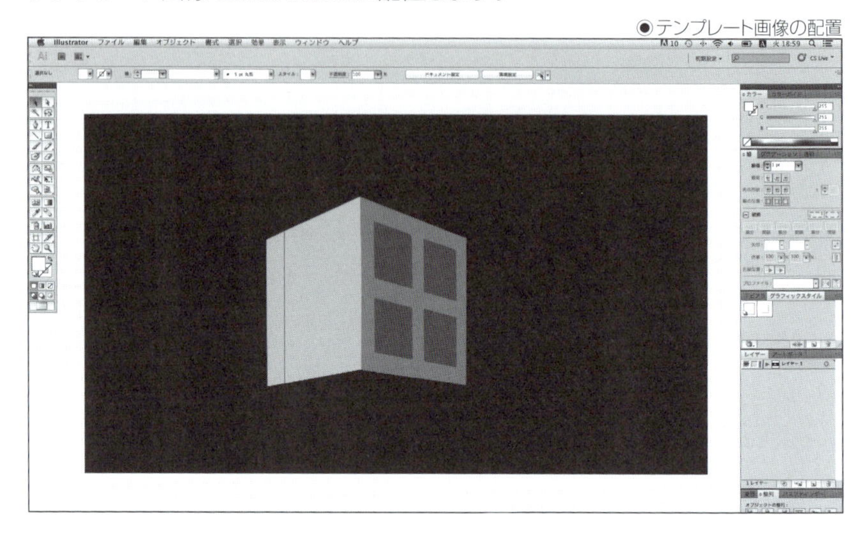

◉テンプレート画像の配置

ペンツールを選択し、テンプレート画像を下敷きにして、各頂点を結び、線で囲います。新規レイヤーを作成し、画像と線をレイヤーで分けると効率的な作業が行えます。

線の設定は、初期設定(黒、線幅1pt)で問題ありません。もし、作業中に画像が動いてしまう場合は、画像をロックすれば、画像が固定されます。

◉ペンツールでテンプレートのパスを作成

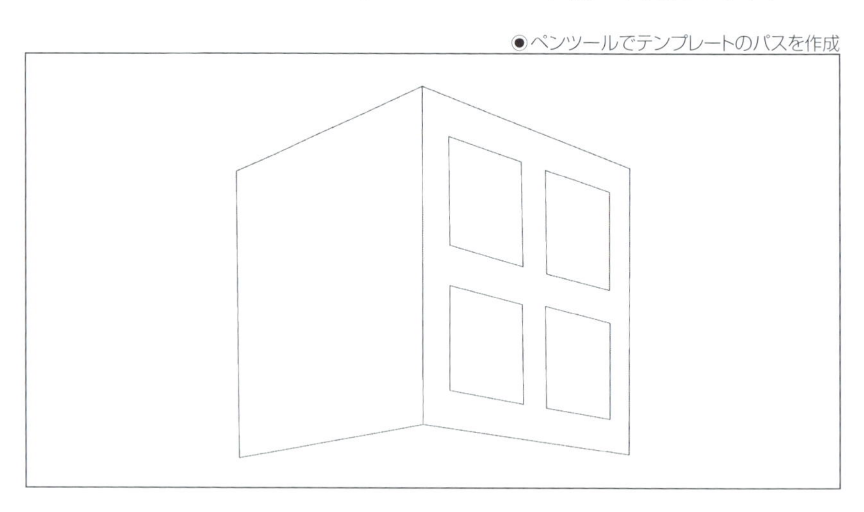

STEP-02 絵コンテ表の作成

絵コンテの要素は、シーン、映像、内容、時間などです。映像は、絵を指すのでペンや鉛筆でスケッチをします。シーン、内容、時間などは、文字を書き込みます。

Illustratorの[ペンツール]を使い、表(A4縦向き)を作成します。MicrosoftのExcelで制作することもできます。

映像の項目に、先ほど制作したテンプレートの線画を配置します。線の設定は、灰色(または透明度50%)、線幅0.25pt程度にして、テンプレートの存在感を薄くした方が作業しやすいでしょう。絵コンテ表は、5段になっていますが、段数については使いやすいように設定します。

◉テンプレートを追加した絵コンテ

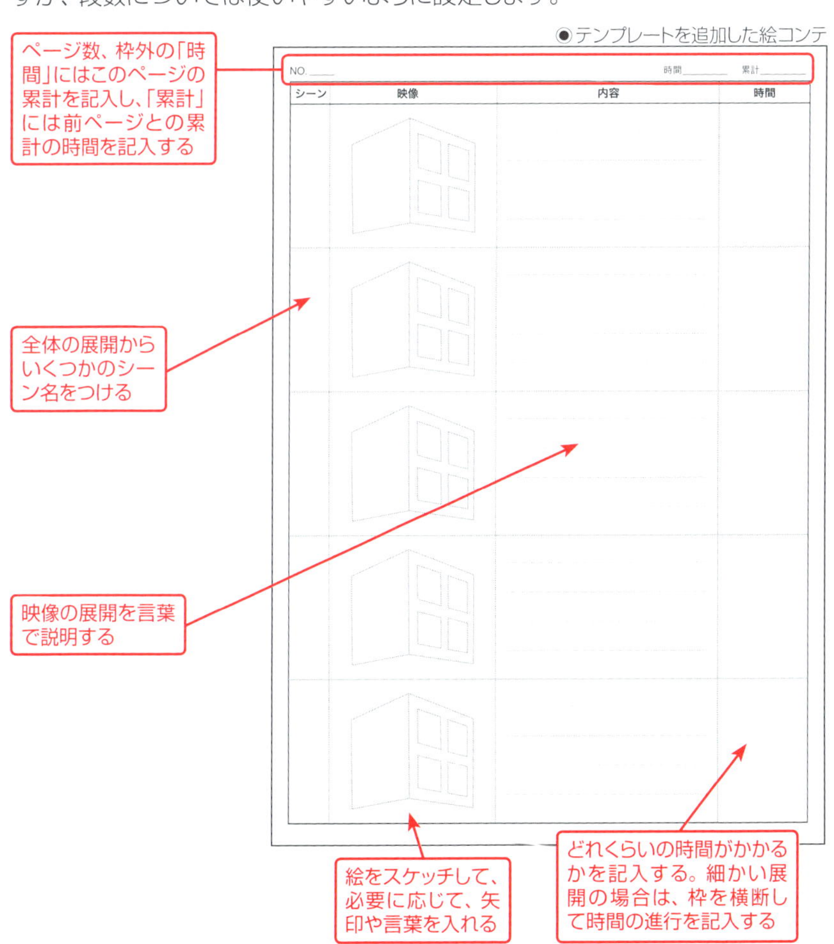

STEP-03 絵コンテの制作

まず、絵コンテ表にあるテンプレートの線画をもとに、どのような絵が合うのか考えます。あまり、最初から映像の流れを意識しすぎずに、アイデアを書き込んでいきましょう。

つまり、絵コンテ表は、アイデアのノートやメモがわりにしていきます。ある程度、アイデアスケッチが進むと、映像の流れを考え始めます。実際に、映像を制作するときに、絵コンテの順番と異なることや絵コンテには無い要素が増えることがあっても問題ありません。

内容の欄に、動きや展開を言葉で説明をしていきます。最後に、全体の中でどのようなシーンに分けられるのかを確認して、シーンの名前を決め記入します。最後に、どれくらいの時間が必要なのかを「時間」の欄に記入します。これは、目安で良いでしょう。大きな枠外にある「時間」「累計」にも記入して、全体の長さがどれくらいになるのかを把握します。

◉絵コンテ1ページ目

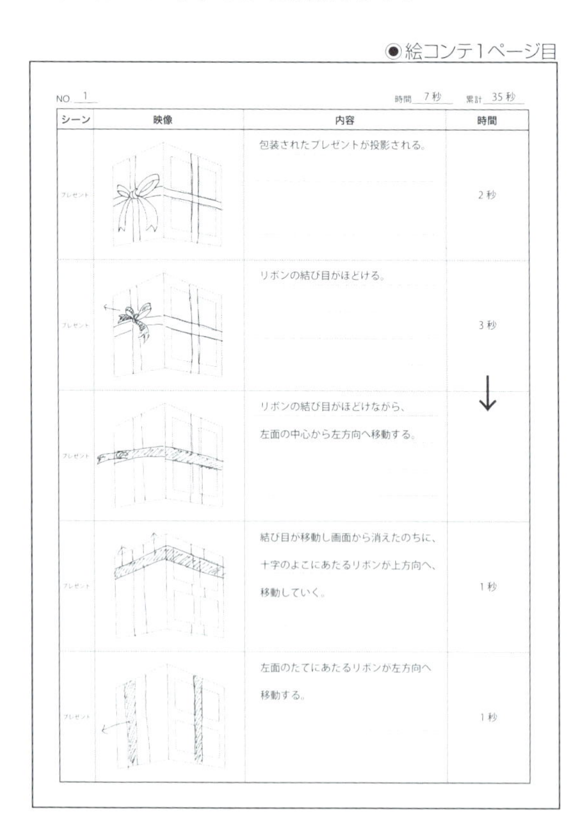

NO. 1　　時間 7秒　累計 35秒

シーン	映像	内容	時間
プレゼント		包装されたプレゼントが投影される。	2秒
プレゼント		リボンの結び目がほどける。	3秒
プレゼント		リボンの結び目がほどけながら、左面の中心から左方向へ移動する。	↓
プレゼント		結び目が移動し画面から消えたのちに、十字のよこにあたるリボンが上方向へ、移動していく。	1秒
プレゼント		左面のたてにあたるリボンが左方向へ移動する。	1秒

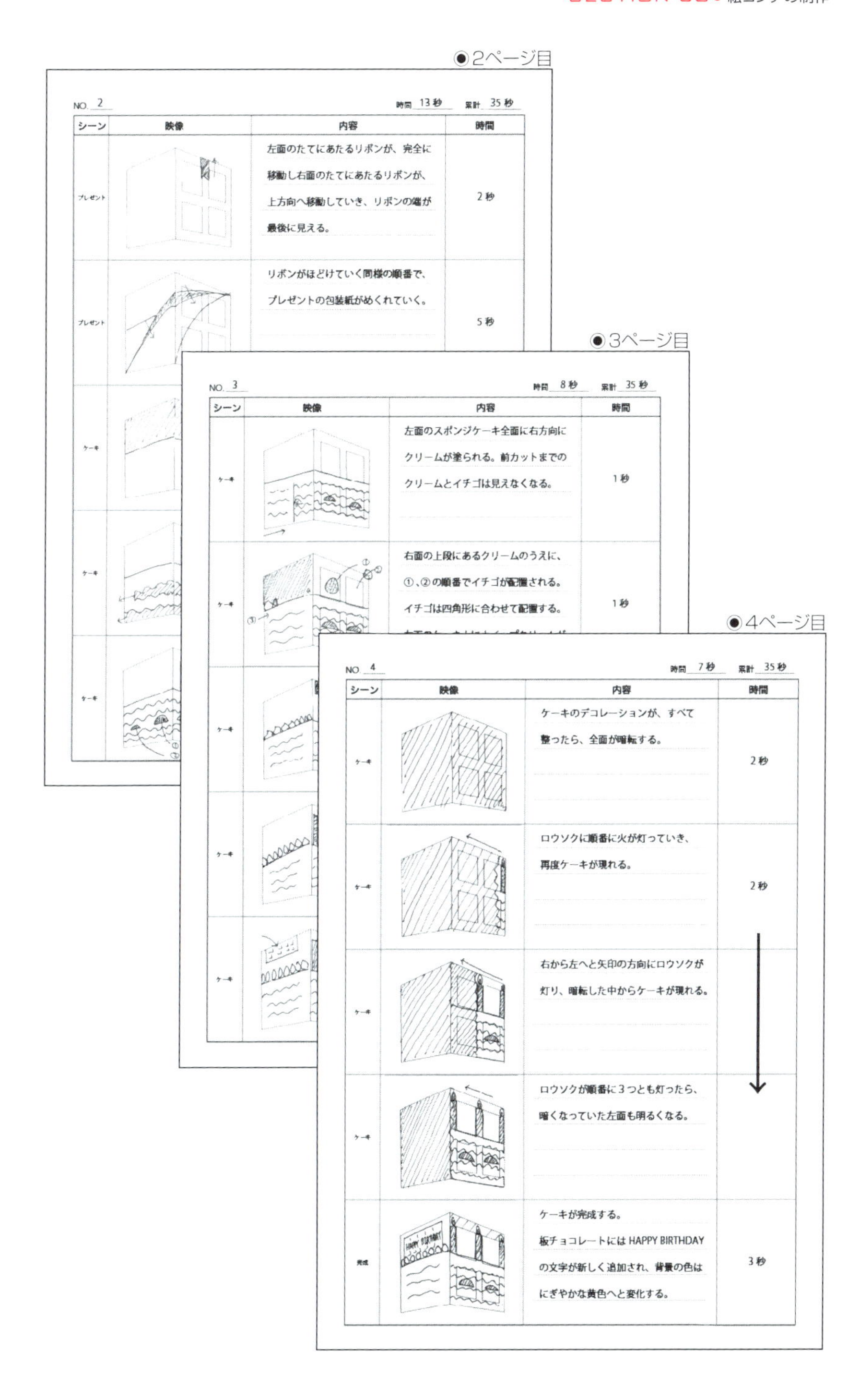

◉2ページ目

NO. 2　時間 13秒　累計 35秒

シーン	映像	内容	時間
プレゼント		左面のたてにあたるリボンが、完全に移動し右面のたてにあたるリボンが、上方向へ移動していき、リボンの端が最後に見える。	2秒
プレゼント		リボンがほどけていく同様の順番で、プレゼントの包装紙がめくれていく。	5秒
ケーキ			
ケーキ			
ケーキ			

◉3ページ目

NO. 3　時間 8秒　累計 35秒

シーン	映像	内容	時間
ケーキ		左面のスポンジケーキ全面に右方向にクリームが塗られる。前カットまでのクリームとイチゴは見えなくなる。	1秒
ケーキ		右面の上段にあるクリームのうえに、①、②の順番でイチゴが配置される。イチゴは四角形に合わせて配置する。	1秒
ケーキ			
ケーキ			
ケーキ			

◉4ページ目

NO. 4　時間 7秒　累計 35秒

シーン	映像	内容	時間
ケーキ		ケーキのデコレーションが、すべて整ったら、全面が暗転する。	2秒
ケーキ		ロウソクに順番に火が灯っていき、再度ケーキが現れる。	2秒
ケーキ		右から左へと矢印の方向にロウソクが灯り、暗転した中からケーキが現れる。	
ケーキ		ロウソクが順番に3つとも灯ったら、暗くなっていた左面も明るくなる。	
完成		ケーキが完成する。板チョコレートにはHAPPY BIRTHDAYの文字が新しく追加され、背景の色はにぎやかな黄色へと変化する。	3秒

SECTION-31

キーイメージの制作

絵コンテで制作したイメージの中で、キーイメージとなるシーンを制作します。つまり、象徴的なシーンや見せ場、さまざまな要素が凝縮されているシーンを数カ所決め、そのイメージを制作していきます。

キーイメージの制作準備

絵コンテでは、映像の流れを確認することができましたが、キーイメージの制作を進めることで、実際にどれくらいの描写や密度で、映像を制作できるのかを確認します。

STEP-01 レイヤーの管理

Photoshopで制作したテンプレートのデータを開き、新規レイヤー(❶)を作成します。このレイヤーにイメージを作成していきます。イメージの要素や素材が増えるため、[グループ](❷)を作成し、レイヤーを管理します。グループの名前は、管理しやすい名前を付けるようにしましょう(❸)。

●レイヤーの管理

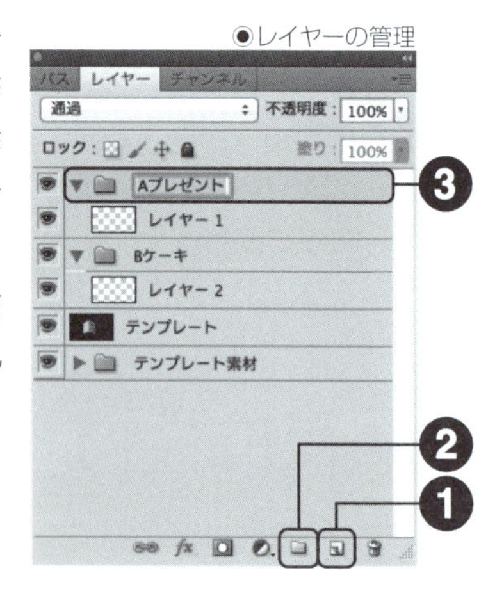

STEP-02 マスクの作成

マスクを作成します。[パス]ウィンドウには、ワークショップで作成した3つのパスレイヤーがあります。[パス]レイヤー(❶)のイメージ部分をコマンド+shiftキーを押しながら、左面と右面のパスレイヤーを順にクリックしていくと、立方体の外枠が破線に変わり、選択範囲が指定されます(❷)。

◉パスレイヤーの作成

◉マスクの作成

［選択範囲］メニューの［選択範囲の反転］を選択し、立方体ではない部分を選択した状態で、新規レイヤーを作成し塗りつぶしツールで黒色に選択範囲内を塗りつぶします。これで、マスクが作成されました。

このマスクをレイヤーの最上層に配置すると、立方体の範囲内だけが表示されるため、イメージ素材ごとに切り取る必要がなくなり、効率的です。

STEP-03 パースと素材の配置

◉テンプレートのパース

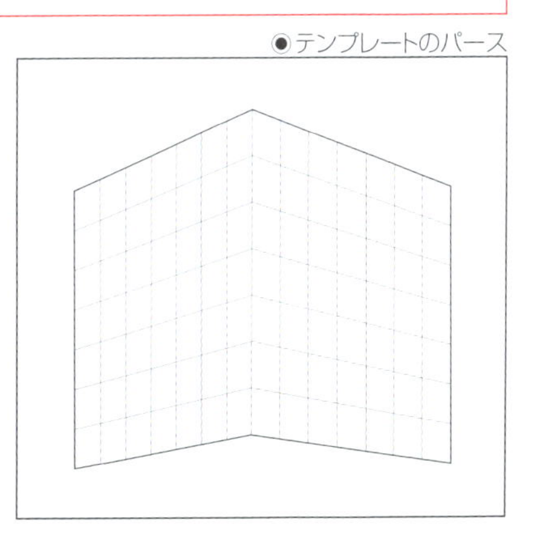

テンプレート画像は、パース（傾き）がついているため、素材をレイアウトする場合、パースを意識して画像を変形する必要があります。

立方体のシルエットやパスだけでは、パースがわかりにくいこともあります。図のようにグリッド上に線を引いてみると、上部と下部では、線の傾きが変化していることがわかります。

Photoshopで素材のレイヤーを選択して、編集メニューの[変形]の中にある[自由な形に]を選択します。バウンディングボックスのように画像の四隅などに四角が表示されます。頂点にある四角にカーソルを近づけると、カーソルの矢印が三角形にかわります。ドラッグするとその頂点だけが移動して、形が変形します。立方体の面に沿うように画像を変形させていきます。

◉素材の自由変形

キーイメージの制作方法

キーイメージの制作はいくつかの方法が考えられます。

◆ Photoshop

- ブラシツールによる作画
- 写真の加工やレイアウトによるイメージ構成

◆ Illustrator

- パスツールで制作したイラスト、グラフィック
- イラストや写真のレイアウト

PhotoshopとIllustratorにおいて、イメージを制作することはできます。Illustratorで、素材の制作とレイアウトを行い、Photoshopに素材を読み込み、テンプレートに当てはめていく方法が良いでしょう。

キーイメージの選定

絵コンテに描いた中から、映像の印象が最も伝わるシーンを2つ決めます。今回は、最初のプレゼント箱のシーン、最後のケーキが完成したシーンが、最も要素が多く含まれていたためです。

Illustratorで制作した素材を、Photoshopに読み込み、パースの形に合わせて変形させます。

立方体の右面の格子(グリッド)を素材や配置の基準にします。ケーキの高さやリボンの十字も格子の形に当てはめています。さらに、ロウソクの位置も格子の縦のラインに収まるように配置しています。

キーイメージが完成したので、絵コンテの流れと、このイメージの色合いや描き方をベースに映像の制作を進めていきます。

◉プレゼントとケーキのキーイメージ

SECTION-32

素材の制作

今回の映像は、角度の異なる2面を1台のプロジェクターで映し出すという特殊な条件であるため、正確で効率的な方法を考える必要があります。素材の制作をIllustratorで行い、素材から映像を制作していくのは、After Effectsというアプリケーションを使用します。

キーイメージの作り込みには、Photoshopを使用しましたが、映像の制作では、Illustratorで制作した素材を直接After Effectsに読み込ませます。ベクトルデータであるため、高解像度の状態で読み込みが出来ること、Photoshopで行った自由変形は、After Effects内で行うためです。

STEP-01 素材のテンプレート作成

今回の特徴は、映像を投影する面が2つあることと、単純な図形をしていることです。そのため、奥行きのある立体的な映像を展開図のように平面的に作ります。

まず、Illustratorの新規ドキュメントのウィンドウを開き、幅を1200px、高さを600pxと入力して、横長の長方形のドキュメントを作成します。

この長方形のドキュメントにテンプレート画像を配置します。画像は、1920×1080ピクセルなので、立方体の高さは600pxにちょうど収まる大きさになります。このように、データの制作は、少し大きい程度に作成すると、後から加工がしやすく画質の劣化も防ぎ、パソコンの処理に過度な負荷がかかることはありません。

◉テンプレート画像の配置

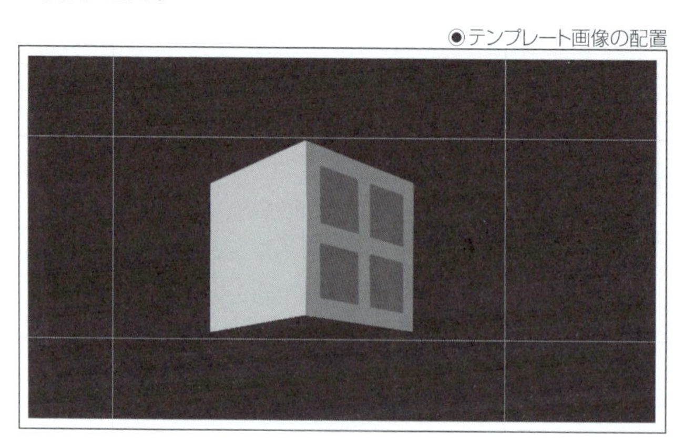

STEP-02 展開図の制作

立方体の2面を展開し、平面図にします。［ペンツール］を使い、線画を制作します（131ページで紹介した展開図を参考）。

展開図をトレースするか、実際に立方体を定規で計る、写真で撮影してトレースすることでも、平面図の制作は可能です。

ドキュメントの中に、高さ600ピクセル、幅600ピクセルの四角を2つ作ります。右側には、4つの四角を配置して、「田」という形ができます。

◉線画の展開図を制作

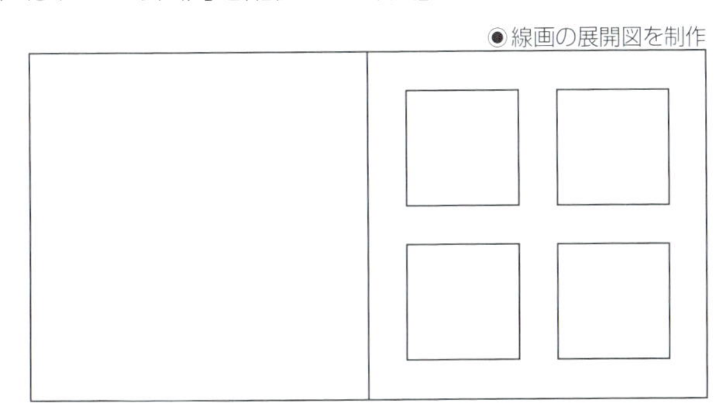

［レイヤー］ウィンドウにある［レイヤー1］をダブルクリックすると、［レイヤーオプション］のウィンドウが立ち上がり、［名前］を「テンプレート」と入力します（❶）。また、［ロック］というラジオボックスをクリックし（❷）、テンプレートが移動しないように固定します。なお、［レイヤー］ウィンドウにあるラジオボックスからもロックの切り替えが行えます。

◉レイヤーの設定

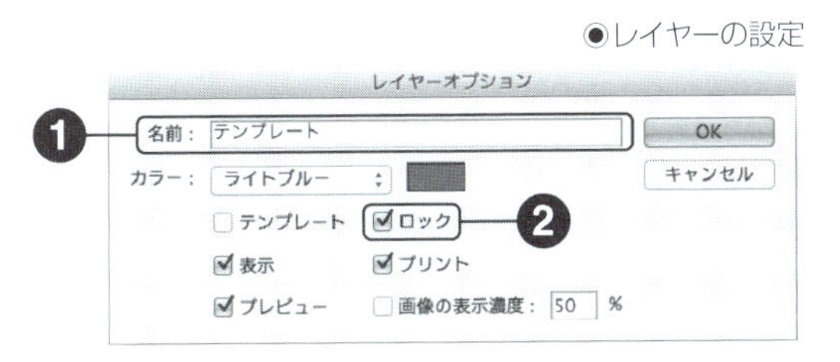

［レイヤー］ウィンドウの下部にあるアイコンから［新規レイヤーの作成］を行います。これから制作する素材ごとに、レイヤーに名前をつけていきます。

映像の素材ごとや同じ素材の中でも動く単位ごとにレイヤーを分ける必要があります。つまり、リボン1、リボン2と複数に分かれることもあります。レイヤー分けと名前付けは、素材をAfter Effectsに持っていき、映像制作をする時に役立ちます。

STEP-03 プレゼントの制作

プレゼントのシーンですべての要素が入っているのが、次のイメージになります。さらに、これを動かす素材ごとにパーツとして11枚のレイヤーに分ける必要があります。

動かす素材の単位ごとに、レイヤーが必要になるため、After Effectsの映像制作に進んでから、素材のレイヤーを追加してもかまいません。「背景色」「テンプレート」は、映像の中で使うことはありませんが、素材の制作や映像制作の時に基準（ガイドライン）として役立つ素材です。

◉展開図のイメージ作成（プレゼント）

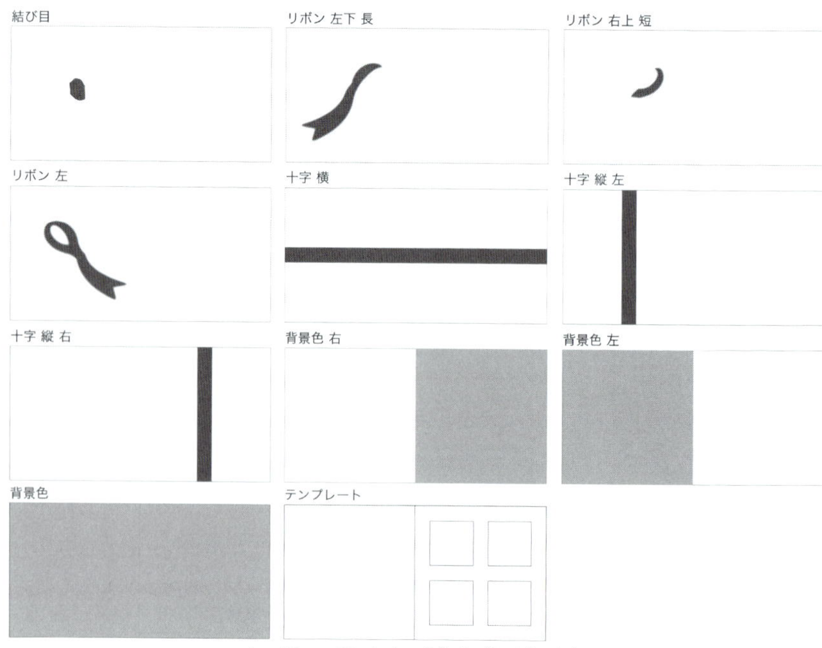

レイヤーのイメージ（プレゼント）

レイヤーの名前も区別しやすいように、わかりやすくします。After Effectsに読み込んだ時にレイヤー名が反映されるため、わかりやすい名前をつけます。

イメージの作成が完了したら、ファイルの名と保存先を指定して、[Adobe Illustrator(ai)]フォーマットで保存します。

STEP-04 ケーキの制作

プレゼントと同様に、幅を1200px、高さを600pxの新規ファイルを作成します。ケーキのシーンは、ケーキのデコレーションがあるため要素が多く、シーンの中でも展開があり、素材・レイヤーの数が多くなります。素材毎にレイヤーを新規作成して制作します。

●展開図のイメージ作成①(ケーキ)

●展開図のイメージ作成②(ケーキ)

ケーキの外側は、映像の展開があり、スポンジ、ホイップの上に、ホイップとチョコレート板があり、シーンが切り替わります。最終的に、20枚のレイヤーになります。プレゼントのシーンに比べて、より複雑になるため、レイヤーの順番も重要になります。順番を間違うと表示されない素材が出てくるため、

注意が必要です。レイヤーの数が多くなったので、違いが分かるようにレイヤー名をつけます。

イメージの作成が完了したら、ファイルの名と保存先を指定して、[Adobe Illustrator(ai)]フォーマットで保存します。これで素材の作成が完了です。

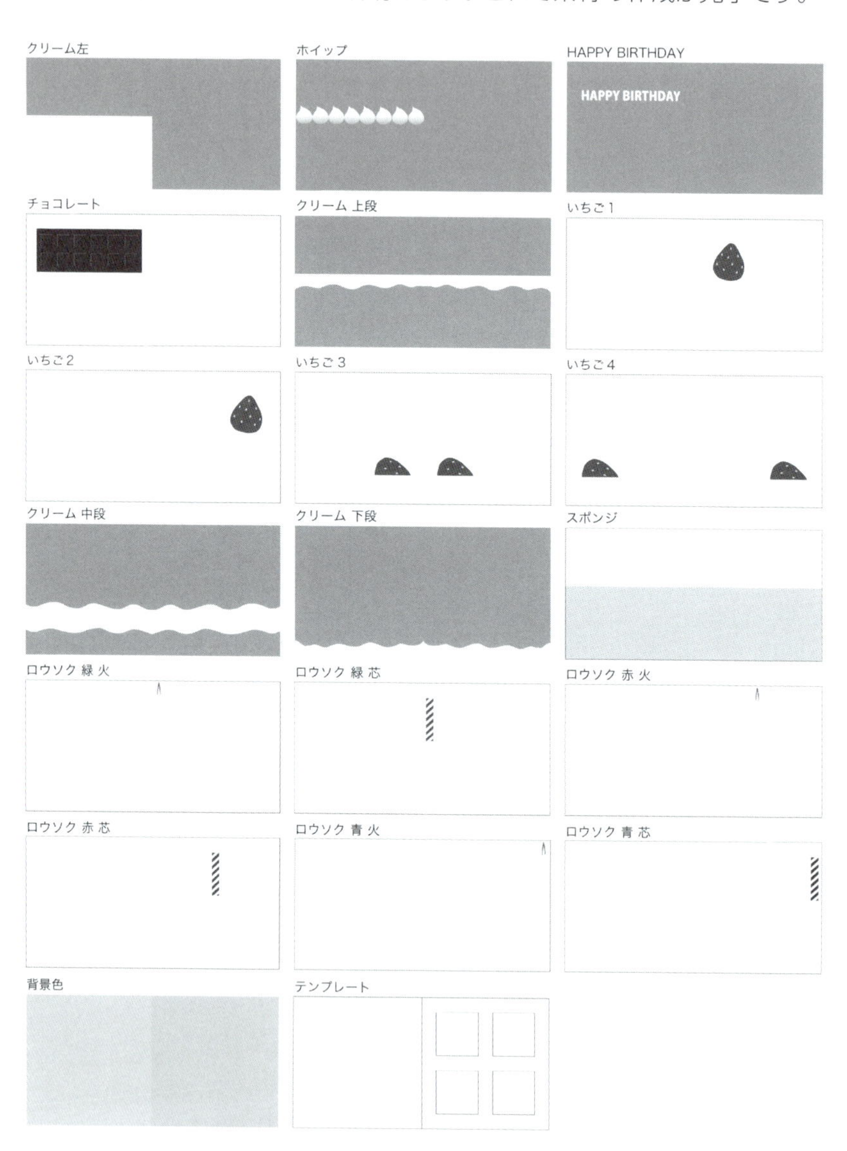

レイヤーのイメージ（ケーキ）

SECTION-33

アニメーションの制作

素材が完成しましたので、次は素材を動かすアニメーションの制作を行います。アニメーションには、After Effectsを使います。

After Effectsについて

After Effectsの解説の中で、よく登場するウィンドウに、「プロジェクトウィンドウ」「コンポジションウィンドウ」「タイムラインウィンドウ」の3つがあります。

●After Effectsの主なウィンドウ

STEP-01 コンポジションの作成

コンポジションは、After Effectsにおいて、映像編集のファイルにあたります。メニューの[コンポジション]から、[新規コンポジション…]を選択すると[コンポジション設定]のウィンドウが立ち上がります。

ここでは、名称、映像の大きさや長さを設定することができます。今回は、幅1200px、高さ600pxと入力し(❶)、After Effectsの[プロジェクト]ウィンドウに、作成したコンポジションを追加します。

●コンポジションの設定

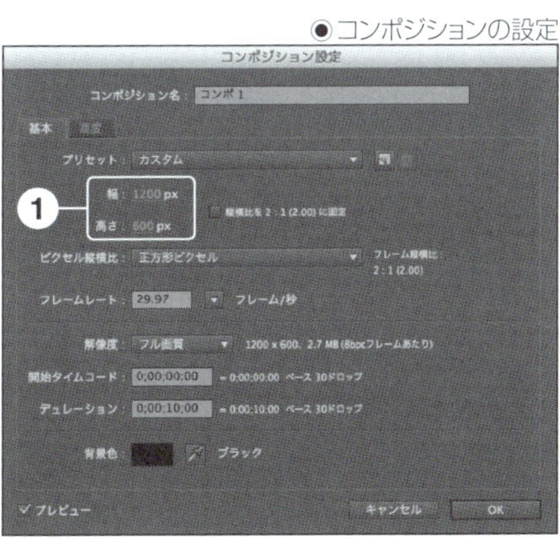

STEP-02 映像素材の読み込み

ファイルメニューの読み込みにある[ファイル…]をクリックし、読み込む素材ファイルを選択します。

今回は、Illustratorで2つの素材を制作しました。読み込み時に、Illustratorを選択すると、[ファイルの読み込み]のウィンドウの下部にある表示が変わります。プルダウンメニューにある[コンポジション]を選択します。

STEP-03 プレゼントのコンポジション

After Effectsの[プロジェクト]ウィンドウに、読み込んだ素材が追加されます。[コンポジション]として読み込んだ場合は、追加したファイル名でコンポジションが作成され、フォルダの中に各レイヤーが追加されます。

◉コンポジションとレイヤー(プレゼント)

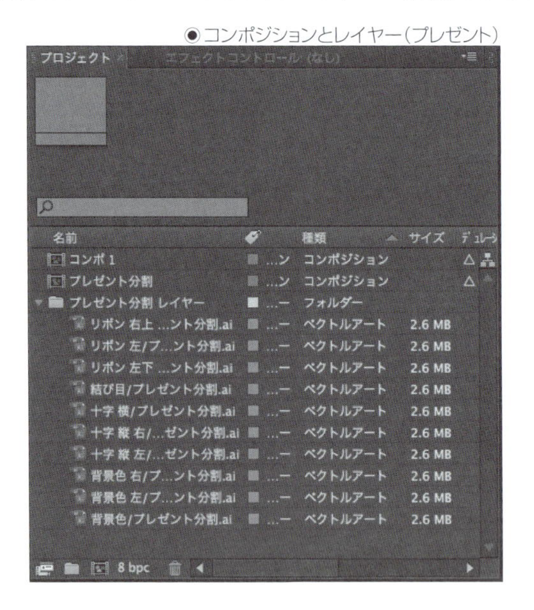

[プロジェクト]ウィンドウにある[コンポ1]というファイルをダブルクリックします。操作画面の下部にある[タイムライン]ウィンドウに、[コンポ1]が表示されます。

先ほど、読み込んだ[プレゼント]のレイヤーをすべて選択して、一気にドラッグします。各レイヤーが追加され、操作画面の右上部にある[コンポジション]ウィンドウにイメージが表示されます。一気にドラッグすることで、イメージのレイアウトが崩れずに、Illustratorで配置した通りに表示されます。

◉タイムラインに配置

STEP-04 プレゼントのタイムライン

ドラッグしたレイヤーは、上から順番に[コンポジション]ウィンドウに表示されます(❶)。ファイル名の部分をドラッグすることにより、順番を変えることができます。

タイムラインの赤いライン(インジケーター)が指す時間のイメージがコンポジションウィンドウに表示されます(❷)。各素材は、タイムライン上にバーになっており、移動させることで、表示・非表示することができます(❸)。

◉タイムラインウィンドウ

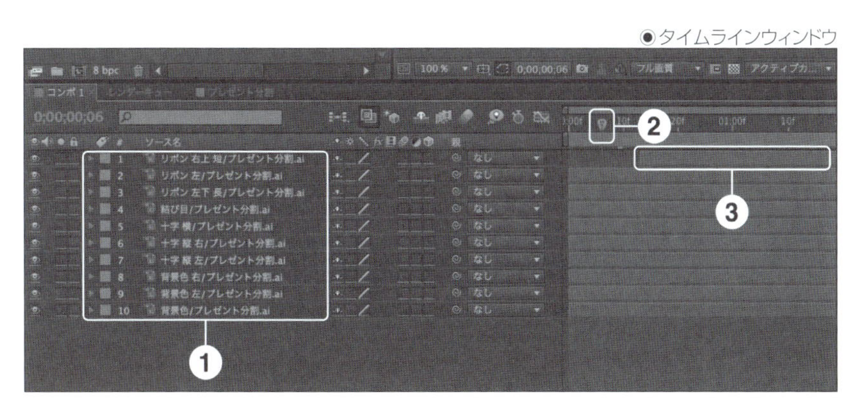

STEP-05 タイムラインの設定

素材の状態を変更するには、名称の左にある矢印をクリックします(❶)。矢印が下向きになると、[トランスフォーム]という項目が表示されます(❷)。さらに矢印をクリックすると、[アンカーポイント][位置][スケール][回転][不透明度]という項目が表示されます。その各項目の右側にオレンジ色の数値があります。これが、各項目のパラメータになります。

[不透明度]の[100%]をクリックすると、数値が変更可能になるため、100以下の数値を入力します(❸)。数値を変更すると、タイムラインの赤いラインがある場所に、ひし形のポイントが追加されます(❹)。

赤いラインを移動してから、[不透明度]の数値をさらに変更させると、ひし形のポイントがさらに追加されます。ポイントが追加されると、[不透明度]といった項目の左にあるストップウォッチのような形のマークが凹んだ状態になります(❺)。これが、項目の状態がタイムライン上で変化していることを示しています。

ストップウォッチマークをクリックしてみると、ポイントがなくなり、赤いラインがある地点のパラメータに統一されます。

●トランスフォームの設定(不透明度)

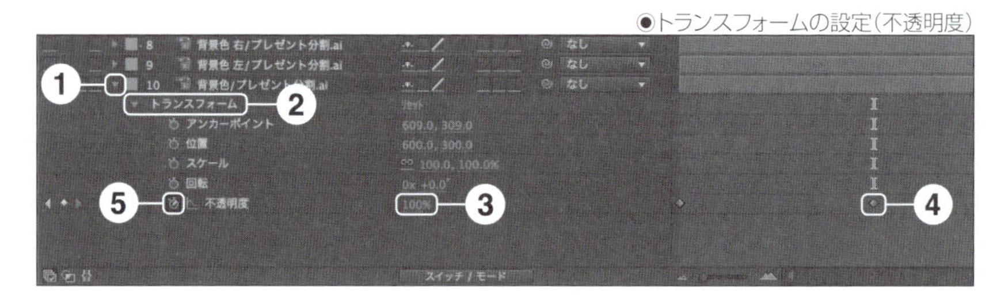

STEP-06 選択ツール

[ツール]ウィンドウにある[選択ツール]を選び、[コンポジション]ウィンドウにある素材を選択します(❶)。選択された素材は、バウンディングボックス同様に枠に囲まれ、ドラッグすることにより移動することができます(❷)。

●選択ツール

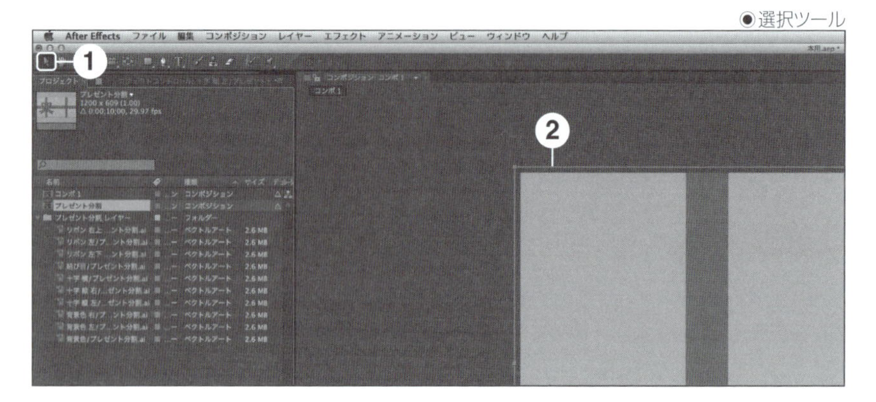

4 プロジェクションマッピングの制作(基礎編)

STEP-07 アニメーションの設定

アニメーションを作るには、まず始点と終点が必要になります。赤いラインを始点になる位置に移動させます(❶)。動かす素材の[トランスフォーム]の[位置]の左にあるストップウォッチマークをクリックします(❷)。そのクリックによって、赤いライン上にひし形のポイントが作られます(❸)。赤いラインを終点の位置に移動させます(❹)。[選択ツール]で素材を終点の位置に移動させます(❺)。移動させることによって、タイムライン上に、ひし形のポイントが新たに追加されます(❻)。

◉トランスフォームの設定(位置)

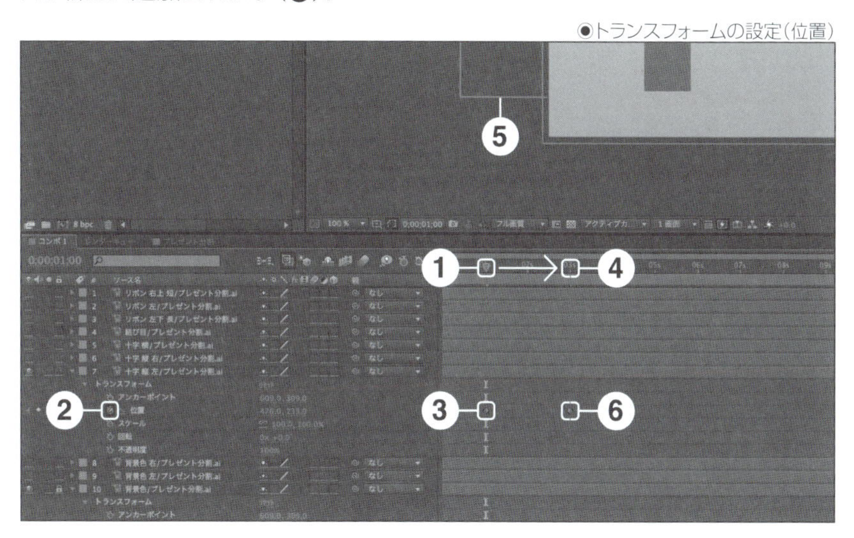

STEP-08 アニメーションのプレビュー

アニメーションの確認をするためには、[ウィンドウ]メニューから[プレビュー]を選択します。

[再生／一時停止]ボタン(❶)をクリックすると、再生が始まります。キーボードの[スペース]キーをクリックしても、同様に再生が始まります。複雑なアニメーションを作った場合、処理が重くなり再生の速度が低下することがあります。その場合は、右端にある[RAMプレビュー]ボタン(❷)をクリックすると、レンダリングが始まります。

◉プレビューウィンドウ

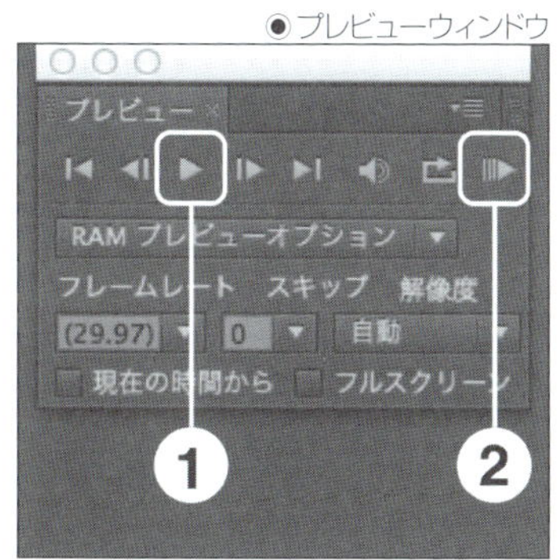

タイムライン上の、緑色のラインの表示部分がレンダリング済みを示します。レンダリングが終わると、自動的に再生が始まります。これで、再生速度の低下することなく、設定した通りのアニメーションを確認することができます。

以上のように、タイムライン上のパラメータ設定、位置の指定、プレビューでの確認という作業を繰り返すことが、アニメーション作成の基本になります。
シーンごとにコンポジションを作成すると、管理しやすいため、プレゼントとケーキの2つのコンポジションを作成して、アニメーションを作成します。

SECTION-34

マッピング用データの制作

次はマッピング用データの制作を行います。前項目で作成したコンポジションの設定（幅1200px、高さ600px）でアニメーションを完成させました。ただし、この状態では、立方体の2面を展開した状態になるため、次に立方体にマッピングさせるアニメーションを制作します。

STEP-01 マッピング用のコンポジション作成

［コンポジション］メニューから、［新規コンポジション］を作成します。コンポジションの設定は、幅600px、高さ600pxにします。映像の長さは、アニメーションの長さに合わせて、変更します。

このコンポジションを開きます。この中に、アニメーションのコンポジションを追加します。［プロジェクト］ウィンドウから、素材のファイルを［タイムライン］ウィンドウへドラッグすると追加できます。

●コンポジションウィンドウの表示

ドラッグで追加した状態だと、中途半端な配置になるため［選択ツール］で、右詰めにします。この場合、コンポジション名を［プレゼント右］にします。

●イメージの配置（プレゼント左面）

同様に新規コンポジションを作成して、アニメーションのコンポジションをドラッグして追加します。または、[プロジェクト]ウィンドウにある[プレゼント右]コンポジションをコピー&ペーストすると、同じコンポジションが作成されるため、名称を[プレゼント左]に変更します。

◉イメージの配置（プレゼント右面）

STEP-02 コンポジションのマッピング

キーイメージの作成時に、制作したテンプレートを読み込みます。新規コンポジションを作成します。このテンプレート画像は、フルハイビジョンの解像度で作成しているため、コンポジション設定は、幅1920px、高さ1080pxです。テンプレート画像をタイムラインにドラッグして、追加します。

◉キーイメージの配置

テンプレート画像は、レイアウトの基準となるため、タイムラインの最下層に固定します。[タイムライン]ウィンドウのテンプレート画像の名称の左側にある鍵マーク[ロック]をONにすることで、固定することができます（❶）。

◉タイムラインの設定

このコンポジションに、事前に作成した[プレゼント右][プレゼント左]のコンポジションを追加します。

●コンポジション（プレゼント左面）の配置

●エフェクト（コーナーピン）の設定

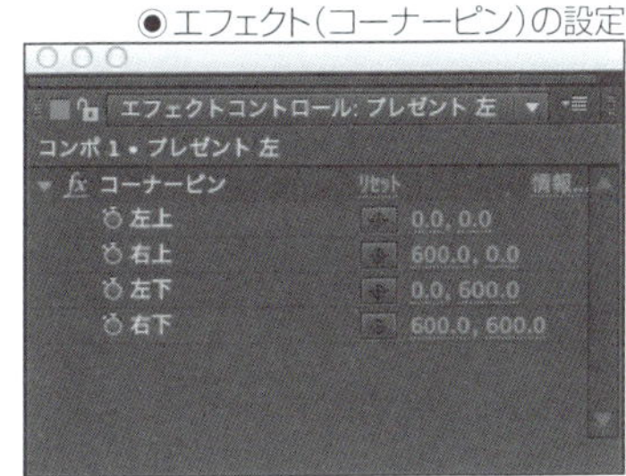

追加したコンポジションを選択し、[エフェクト]メニューの[ディストーション]の[コーナーピン]をクリックします。コンポジションにエフェクトが追加されました。さらに[エフェクトコントロール]ウィンドウが表示されます。

[コーナーピン]を選択すると[プレゼント左]のイメージは、四角の頂点に丸が追加で表示されます。[選択ツール]でその丸をドラッグすると形が変形されます（❶）。

●コーナーピンの調整

［コーナーピン］で立方体の形に合うように、コンポジションを変形させます。さらに、［プレゼント右］のコンポジションにも、コーナーピンを適応して、立方体の2面に合わせます。

◉コーナーピンを使ったコンポジション（プレゼント右面）の配置

◉コーナーピンを使ったコンポジション（プレゼント左面）の配置

［ケーキ］のコンポジションについても、コーナーピンを適応して、立方体の2面に合わせます。

◉コーナーピンを使ったコンポジション（ケーキ右左面）の配置

STEP-03 コンポジションの編集

プレゼントやケーキのシーンを立方体の面に合わせることができました。

◉操作画面の状態

このテンプレートのコンポジション内で、プレゼント左右のコンポジション(❶)、ケーキ左右のコンポジション(❷)、プレゼント左右の静止画(❸)、ケーキ左右の静止画(❹)の各シーンのコンポジションをつなげていきます。

❶と❸、❷と❹の間は、コンポジションのバーをつなげるだけです。❶と❷の間は、バーに重なっている部分がありますが、これは透明度を調整して、フェードインさせるなど、タイミングを調整しています。別々に作ったコンポジションが出来上がると、このように編集を行います。

◉タイムラインにおけるコンポジションの配置

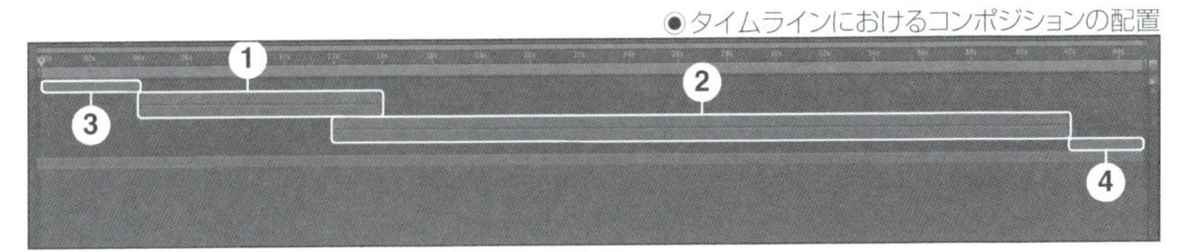

SECTION-35

映像の書き出し

アニメーションを制作する過程では、RAMプレビューで確認することが効率的です。アニメーションが一通り完成すると、書き出しを行い、ムービーファイルとして最終確認します。

STEP-01 レンダーキューの設定

[コンポジション]メニューから[ムービーの作成]を選択します。[タイムライン]ウィンドウに、[レンダーキュー]というタブが追加されます。これに、書き出しの命令をした分だけタスクが追加されていきます。

[レンダリング設定]の[最良設定]をクリックすると、[レンダリング設定]ウィンドウが立ち上がります。画質や解像度などの設定を行います(❶)。

[出力モジュール]の[ロスレス圧縮]をクリックすると、[出力モジュール]ウィンドウが立ち上がります。映像のファイル形式、コーデック、ビデオのサイズ、オーディオの設定を行います(❷)。

[出力先]の[ファイル名]をクリックすると、[ムービーを出力]ウィンドウが立ち上がり、保存先とファイル名の指定を行います(❸)。

設定が終わると、[レンダリング]ボタンをクリックすると、レンダリングが始まります(❹)。オレンジ色のゲージが、左から右へ伸び、レンダリングの進捗を表示します(❺)。

◉レンダーキューの設定

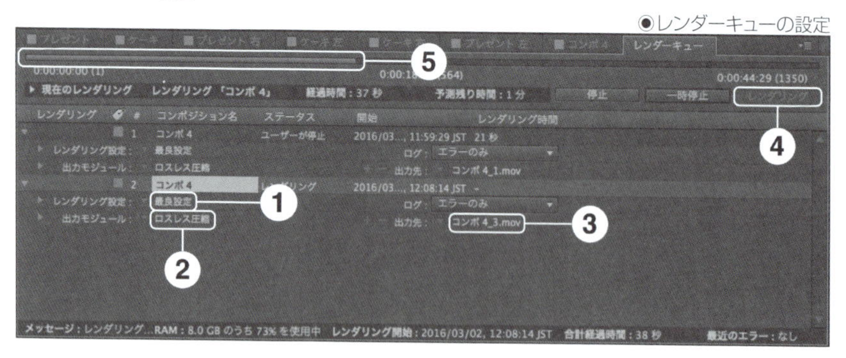

映像の長さ、解像度、アニメーションの複雑さ、エフェクトなど、さまざまな要因で、レンダリング時間は異なります。数秒から数時間かかることがあります。

STEP-02 レンダリング設定

レンダーキューの[最良設定]をクリックすると、次のウィンドウが立ち上がります。

通常は、設定を変更することはありません。[解像度]の[フル画質]をクリックすると、プルダウンメニューがあらわれ、[フル画質][1/2画質][1/3画質][1/4画質]などが選べます(❶)。[1/2画質]を選択すると、サイズが1920×1080から、960×540になります。レンダリングに時間がかかる映像の場合は、画質を落とした設定を行い、ムービーファイルに書き出してから、映像の動きや流れを確認します。問題がなければ、[フル画質]で再度レンダリングを行うと効率的です。

●レンダリングの設定

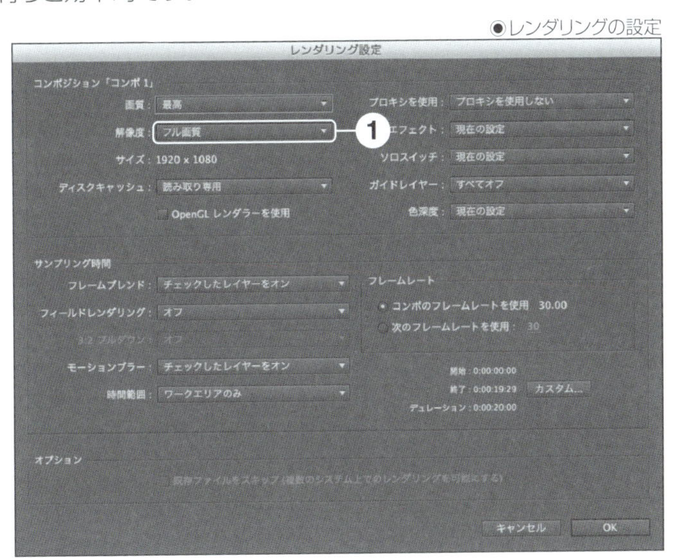

STEP-03 出力モジュールの設定

レンダーキューの[ロスレス圧縮]をクリックすると、次ページのウィンドウが立ち上がります。映像にサウンドがある場合は、[オーディオ出力]のラジオボックスにチェックを入れます(❶)。[形式オプション]をクリック(❷)すると、さらに[QuickTimeオプション]ウィンドウが立ち上がります(❸)。[ビデオコーデック]をクリックすると、プルダウンメニューが開き、さまざまなコーデックが選択できます(❹)。初期設定は、[Animation]になります。[H.264]に設定変更すると、レンダリングの時間短縮やファイルのデータが軽くなります。

◉出力モジュールとQuickTimeオプションの設定

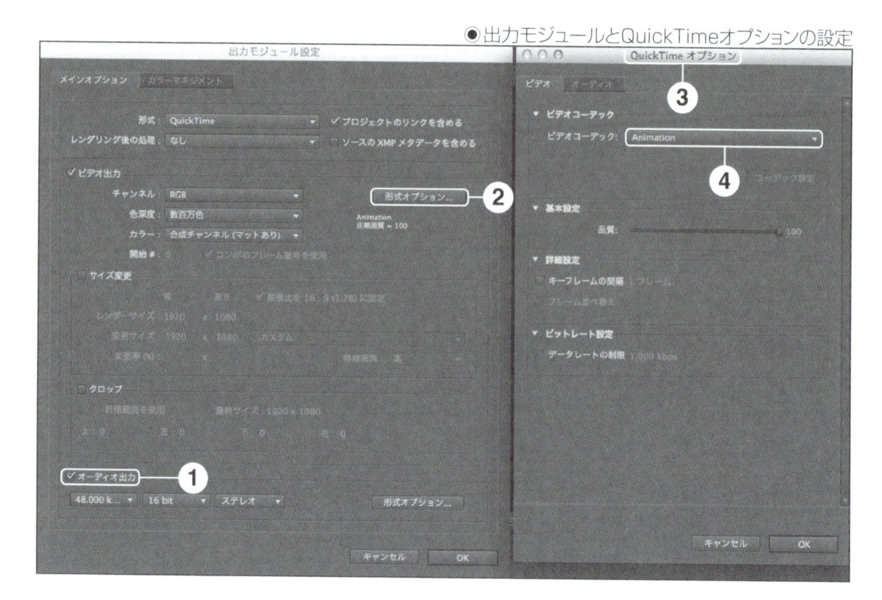

以上の行程で、テンプレートに合わせた映像の制作とファイルの書き出しが完了しました。あとは、本番と同じ環境で、映像を投影してみることで、ズレや印象や色彩が計画とは異ならないのか、確認と修正を行います。

◉制作したアニメーションを立方体に投影する

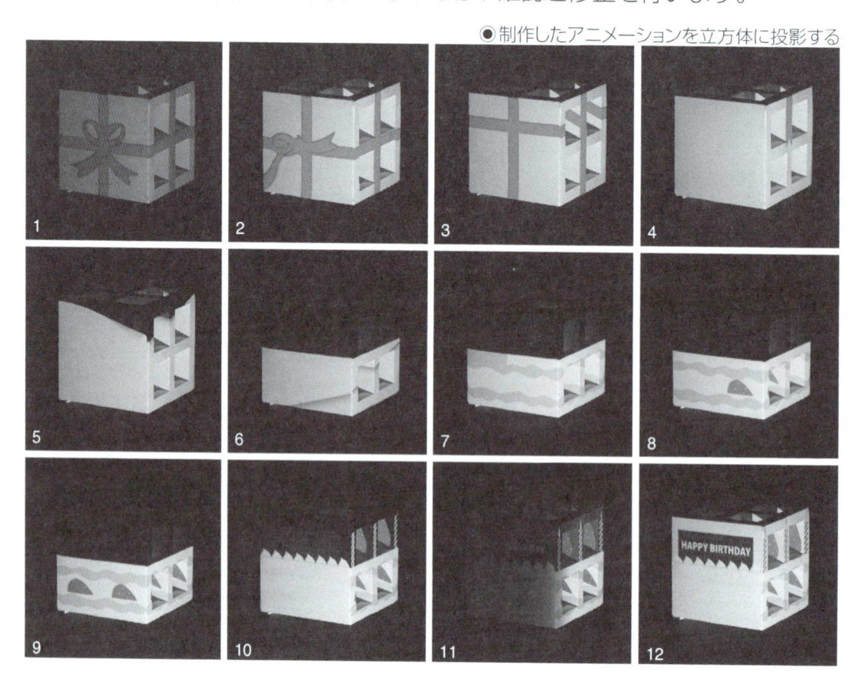

CHAPTER 5

プロジェクションマッピングの制作（実例編）

SECTION-36

実際の建物からプロジェクションマッピングを制作する

前章では、ワークショップで作ったテンプレートをもとに映像を制作しました。本章では、実際にある建物からどのようにテンプレートやキーイメージ、映像を制作していくのかを解説していきます。

企画の内容

これは「六甲ミーツ・アート 芸術散歩」という展覧会の企画です。兵庫県神戸市にある六甲山のガーデンテラス(標高880m)という観光施設が舞台で、会場内にある「見晴らしの塔」に対してプロジェクションマッピングを行いました。9月の中旬から12月末までの約3カ月近い展示でした。

11月までは、アート作品として映像を投影して、12月からはクリスマスバージョンとして映像の内容を入れ替えました。日没(17時半頃)から22時まで展示を行い、雨天決行ですが、悪天候で交通機関、観光施設が休業の場合、展示も中止になります。

建物は、塔の形をしており縦に細長い形状で高さ6mです。壁面は、レンガ状のタイルが敷き詰められクリーム色をしています。形状は、八角柱をしており、そのうち3面に映像を投影します。

◉プロジェクションマッピングをする建物(見晴らしの塔)

設置プラン

プロジェクターや機材の設置場所や観客の場所を検討し、映像を投影する面を決めます。今回は、山の上にある会場だったため、機材の設置場所は天候の影響を受けない屋内であることが必須条件でした。会場の図面資料を入手して、建物の距離や位置関係を確認します。

◉映像を投影する範囲

◉会場の配置図

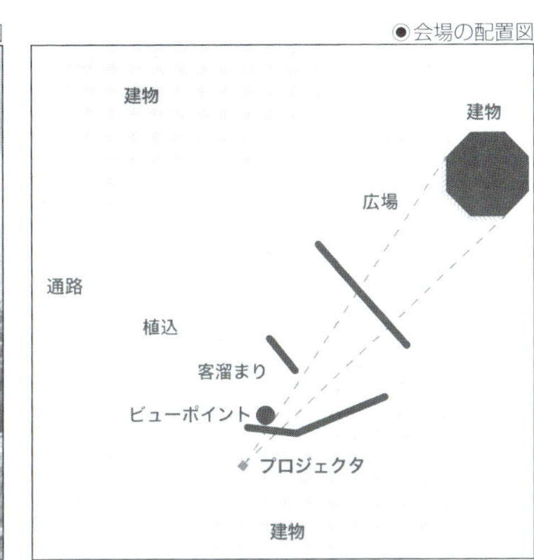

投影方法

店舗入口にある風除室内に機材設置場所を確保しました。ガラス越しにプロジェクターの映像を投影することになります。建物との距離と映像の大きさから、対応できるレンズがあるのか確認して、制作が始まりました。

塔は、縦長の形ですが、映像は通常通り横長の状態で投影します。機材の設置場所が、せまいため、プロジェクターを縦置きができないという制約があり、設置や制作上、縦にすることはあまりありません。

そのかわり、プロジェクターを10000ルーメン、フルハイビジョンのハイスペックな機種を使用す

◉プロジェクターを設置する場所

ることになりました。横長の映像になると、非効率的ですが、プロジェクターの明るさや高解像度で補完することになりました。

●使用するプロジェクター(写真協力:株式会社シーマ)

建物の撮影

撮影は、企画をする段階でのロケハン撮影、制作に向けた撮影など、何度か行うことになります。プロジェクターの設置場所が決まれば、制作に向けた撮影が行えます。

プロジェクターを置く正面から、撮影を行います。三脚を立てて、デジタルカメラで撮影を行います。理想的な撮影条件としては、曇りの日や夕方の時間帯など、建物の影が強く出にくい状況で撮影すると、建物表面の色や形がうまく撮影できます。

建物の形が縦長なので、写真も建物の形に合わせて、カメラを縦向きにして、撮影することが考えられます。しかし、基本的には、パソコンのディスプレイ、プロジェクター、カメラなど、横長が基本になっている映像機材が多いため、基本的には、横位置での撮影を行います。

今回は、高さ2m50cmくらいの位置に、プロジェクターを設置するため、脚立を用意して、プロジェクターの位置から撮影することが最善でした。建物(映像を投影する面)から、一回りほど大きく撮影するとちょうど良いでしょう。

撮影のタイミング

日没前に、撮影を始めると、1時間程度の間に、昼と夜の姿を記録ができるため、一石二鳥と言えます。三脚でカメラを固定して、同じ構図で撮影します。昼の写真は、建物の壁の色味を記録するために撮影は必要です。夜は、周辺の照明や空間の明るさを確認するために、撮影が必要になります。

SECTION-37

写真の取り込みと補正

撮影した写真をパソコンに取り込みます。取り込むには、ファイルとしてデータをコピーするか、iPhotoやAdobe Lightroomなどの写真管理ソフトで読み込む方法があります。

写真管理ソフトのメリットは、同時に多くの写真を閲覧することができ、評価マークをつけ、簡易なレタッチ補正ができるなど、使いやすさにあります。

写真の選択

歪みが複雑な写真、色飛びや詳細が潰れている写真を使うことは避けた方が良いでしょう。今後の作業の数が大きく増え、写真の正確さも疑われます。もし、撮影がうまくいかなかった場合は、再び現場に足を運び、撮影することをオススメします。何度か撮影をして撮影場所やカメラの設定を変更して撮影することはよくあります。

キービジュアルに使う写真は、画像補正で過剰にきれいな写真にする必要はありません。歪みが多いと、補正をかけたとしても、建物の比率など少しずつ狂っていく可能性が高まります。

- 建物の形に、歪みや遠近感が少ない
- 肉眼で見た印象に近い色彩、コントラストである

写真の補正

建物とその周辺の写真を選ぶことができれば、キーイメージの制作が始まります。加工には大きく分けて2つあり、「写真の状態(歪み、色味、コントラスト)を整える」「夜のシーンを制作する」があります。

補正を行う理由は、撮影時のカメラ設定の不備、天候や時間帯といった環境要因できれいに撮影できなかったことを補うためです。また、自由変形で歪みを補正するのは、素材のレイアウトや画像の加工などを行う時に作業工程が軽減されるためです。

選んだ写真をPhotoshopで開き補正します。Photoshopがない場合は、色彩やコントラスト、自由変形の機能を持つアプリケーションが必要です。

◆ 色調補正

[イメージ]メニューから[色調補正]をクリックすると、いくつかの補正が選択できます。その中でも、利用頻度の高い画像補正は、次の項目になります。

- [レベル補正]
- [カラーバランス]

これらのパラメータを操作することで、明るさ、コントラスト、色味(ホワイトバランス)を調整することができます。

撮影の時に、うまく適正露出で撮影できなかった場合は、[レベル補正]で明るさを調整します。明るすぎる、暗すぎる部分ことによって、画像の詳細がつぶれてしまいそうな場合は、3つの入力レベルのパラメータを調整します。

撮影の時に、ホワイトバランスの設定がうまくいかないことがありますが、[カラーバランス]を使い、3つのスライダーで色味を微調整していきます。

Photoshopには、他にも調整方法があり[明るさ・コントラスト][トーンカーブ][カラーバランス][チャンネルミキサー]など、調整方法が異なります。画像の状況にあった補正方法や調整のしやすさがあるため、使い分けが必要です。

◆ 調整レイヤー

「調整レイヤー」は、もう1つの色調補正です、非破壊な補正を行うため、画像が加工や変化することはないので、元の状態に戻せるメリットがあります。

[レイヤー]ウィンドウの右下にある[塗りつぶしまたは調整レイヤーを新規作成]をクリックします。新規作成すると、新たにレイヤーが追加され、[色調補正]ウィンドウにパラメータが表示されます。そのレイヤーより下の階層にある画像は調整レイヤーの補正の影響を受けます。

●レイヤーウィンドウの調整レイヤー

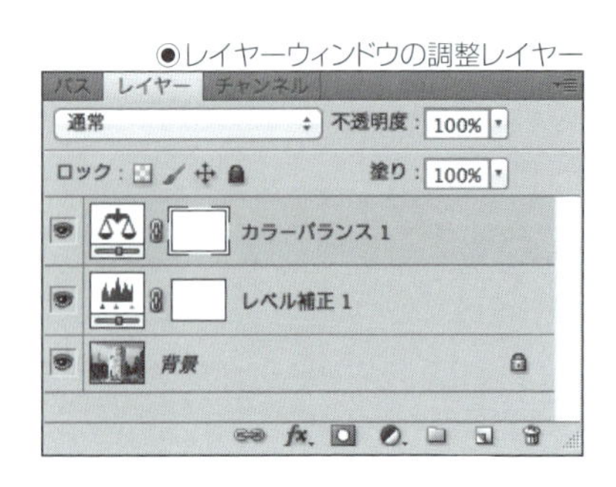

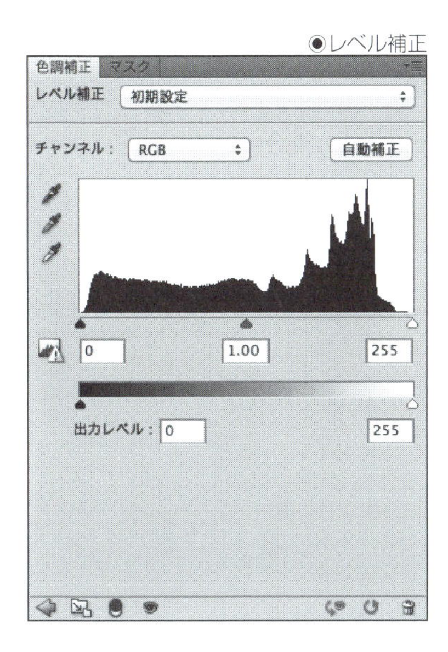

◉レベル補正

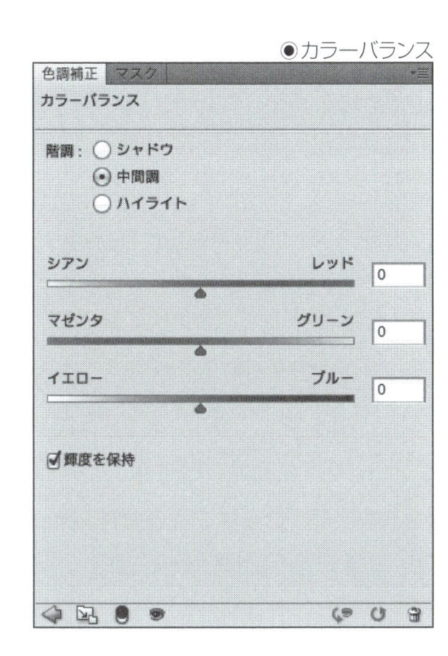

◉カラーバランス

◆形の補正

［編集］メニューの［自由変形］の中には、いくつかの形を補正させる方法があります。その中でも、［自由な形に］は、歪みや傾きを補正するときに役立ちます。

- ［自由な形に］
- ［切り抜きツール］

［自由な形に］を選択すると、画像にバウンディングボックスの表示が出て、画像の四隅のポイントを移動させることで形を変形させます。

撮影の時に、地面や建物に対して、水平垂直で撮影できなかった場合、またはパースや傾きが左右対称ではなかった場合などは、［自由な形に］を使い、建物の形を整えます。［表示］にある［定規］を使い、水平垂直のガイドラインを配置して、それを基準にしながら形の補正を行っていきます。

また、建物の形に、投影するイメージをマッピングする時にも［自由な形に］を使います。After Effectsの［コーナーピン］と同じ機能です。

◉形の補正

[切り抜きツール]は、画像を切り抜く(トリミング)ときに使います。[ツール]ウィンドウにある[切り抜きツール]を選択します。

建物を撮影する時に、建物の周辺も映るようにワイドに撮影することがあります。キーイメージに使うため、写真の中で建物のおさまりが良いように、切り抜きます。建物の位置が中心ではない場合は、切り抜く位置を調整します。

また、[自由な形に]を使った場合は、変形させた角やそれに隣接する角に余白が生まれることがあります。その時は[切り抜きツール]を使い余白を削除します。

●イメージのトリミング

◆ イメージの修正

写真の中に、イメージを制作するにあたって邪魔なものが入っている場合があります。たとえば、人影や造作物です。プロジェクションマッピングの時には無い造作物があると、投影するイメージと重なってしまい、印象が伝わりにくくなることがあります。

[ツール]ウィンドウにある[コピースタンプツール]を選択して、[option]キーを押しながらコピーしたいイメージの部分をクリックすることで、その地点からイメージをブラシで描くようにコピーすることができます。空、雲、樹木などが背景であれば、コピーしたことが目立ちにくいことがあります。

映像を投影する建物の壁面が、規則的なタイルや材質であれば、[コピースタンプツール]で問題ありません。もし、不規則なレンガのような壁面であれば、同じ条件で撮影した他の写真か、造作物が撤去されてから再度撮影を行った写真から、[コピースタンプツール]を使いイメージをコピーします。

◆ フォーカスの補正

デジタルカメラは、オートフォーカスで撮影することが多く、小型の液晶画面で確認しにくいため、ピントが甘くなることもあります。また、ピントが合っていたとしても、少しアンシャープマスクをかけることで、写真が締まって見えます。プレビューのラジオボックスにチェックを入れることで、画像にアンシャープマスクがかかった状態になるので、確認しながら設定を行います。

写真の切り分け

キーイメージを作るためには、建物の形とその周辺環境を切り分ける必要があります。その目的は、まず建物の形がプロジェクションマッピングの制作に必要です。そして、建物以外の空と地面・周辺の構造物は、夜のイメージを制作する時に、建物の前後関係から光の調子を表現するときに必要になります。

写真の分解

写真を分解するためにまず、次の3つに大きく分けます。

- 空
- 建物
- 地面・周辺の構造物（ビル、木など）

◉空の部分

◉建物の部分

◉地面や周辺部分

写真を切り分けるには、いくつかの方法があります。

- ［消しゴムツール］を使い、切り取る
- ［ペンツール］でベジェ曲線を描いて、マスクをかける

切り分ける前に、写真のレイヤーを複製します。切り分ける作業を通じて、建物や周辺環境を詳細に確認する機会になります。その時に、初めて建物のどの部分まで映像を投影するべきなのか、検討することになります。

◆消しゴムツールで切り取る

[消しゴムツール]は、曲線や細かい部分を消すことに向いてます。また、ペンタブレットやマウスで直感的に消す作業が出来ます。[ツール]ウィンドウにある[消しゴムツール]を選択します。ファイルメニューの下部にあるバーか、右クリックをすると、次の[消しゴムツール]の設定が行えます。

[直径]のスライダーを変化させることで、消す範囲の大きさを変化することができます。[硬さ]のスライダーを変化させることで、消す範囲の境界がぼかす、または滑らかにすることができます。この2つのパラメータの調整を行い、消す作業を行います。細かい箇所は2px程度、通常の箇所で5～10px程度で設定します。

●消しゴムツールで建物を切り取る

◆ペンツールで切り取る

[ペンツール]を使い、[パス]レイヤー上に、建物の形をパス化し、[レイヤーマスク]をかけます。直線や曲線など規則的な形であれば、[ペンツール]での作業が効率的です。[レイヤーマスク]を使うことで、画像が非破壊で編集できるため、後からの修正も容易なことも、この方法のメリットです。

[パス]ウインドウから、[新規パスを作成]をクリックし、[ツール]ウィンドウにある[ペンツール]を選択して、建物の形をなぞります。もし、レイヤーの新規作成をせず、[ペンツール]を使った場合は、[作業用パス]というレイヤーが自動的に作成されます。

パスが完成すれば、[パス]ウインドウのレイヤーにあるプレビューのイメージをコマンド+クリックすると、パスの線が破線になり選択範囲を表示します。

◉選択範囲の作成

建物の画像レイヤーを選択して、レイヤーウインドウの下部にある「レイヤーマスクを追加」をクリックします。

画像の横に、レイヤーマスクが追加され、選択範囲の外側がマスクで隠されて、建物だけが表示されます。黒い画像を建物のシルエットに切り抜いたマスクとは異なり、周辺は透明になります。

最終的には、20カ所程度のパスを制作しました。まず、最初に制作するのは、建物のシルエットです。次に、建物の大きな面や部分、例えば、1階と2階、左と中と右など、建物の形によってさまざまです。そして、建物の装飾や入口、窓、ラインをパスにします。

◉レイヤーマスクをした画像

切り取り方法の選択

画像の切り取り方法は、使いやすいツールを選べば良いでしょう。しかし、状況に応じて使い分ける必要があります。

[ペンツール]でパスを描きマスクをする方が、あとから修正できるため便利です。ただし、ペンツールでは、細かい線を描くことに手間がかかることやパス(ベジェ曲線)の扱いに慣れていなければいけません。建物の複雑さによって、切り取る方法を選択します。

[消しゴムツール]は、種類やサイズを変更できるため、細かい線や形、アンチエイリアスに枠をとることができます。切り抜いた画像レイヤーをコマンド+クリックすれば、選択範囲に指定でき、[ペンツール]を使った切り取りと同じように、レイヤーマスクをかけることもできます。

さらに、建物や場所によっても、ツールの使い分けを考えるべきです。例えば、建物は[ペンツール]を、空や木々など周辺については[消しゴムツール]を使うことはオススメします。

建物の形は、さまざまな場面で利用することがあるので、パスデータにしておくと便利でしょう。非常に細かい作業になるため、マウスではなくペンタブレットを使うことをおすすめします。建物の複雑さにもよりますが、切り取るには、2～3日程度の作業時間がかかることがあります。

Photoshopがどうしても使いづらい、もしくは、Illustratorの方が使いやすいという人は、Illustratorに建物の画像を配置して、その上から[ペンツール]で建物の形をなぞり、パスを作成します。そのパスをコピーして、Photoshopでペーストをします。

ペーストウィンドウが立ち上がり、[パス]を選択して[OK]ボタンをクリックすると、[パス]レイヤーに[作業用パス]レイヤーが追加されます。その[パス]の位置を建物の形に合うように移動させると、Photoshopで作成した[パス]と同じものになります。

◉パスのペースト

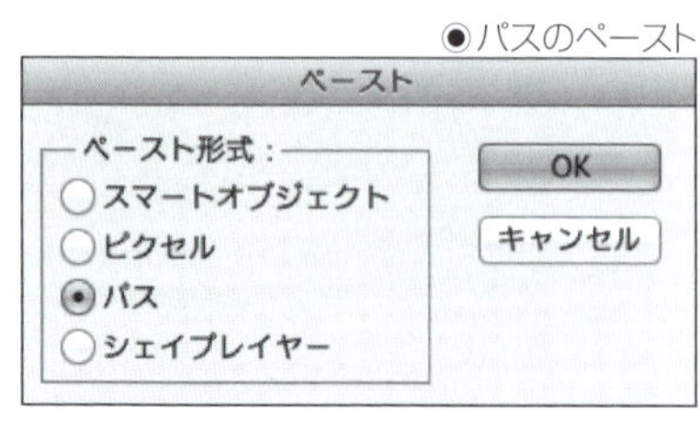

SECTION-39

夜のシーンの制作

写真の画像補正が終わると、昼間に撮影したシーンを夜に変える作業が必要になります。夜に撮影した画像を利用して制作すればいいと考えることもできます。昼と同じ写真を使うことで、どう変化したかが伝わりやすくなります。

また、建物の壁面の色は、夜では不鮮明になるため、イメージを合成するときに色が不正確になるなど問題が発生してしまいます。結果的、昼の写真を夜のように加工することで、作業の手間が減ることになります。

STEP-01 夜の色彩の設定

昼に撮影した写真を夜にするためにレイヤーを追加して、色を追加していきます。[ツール]ウィンドウの下部にある[描画色を選択]をクリックして、青または青紫系の黒を選択します。その理由は、グラデーションや透明度を使うため、暗い色でも薄くなったときの色が出てしまうため、青紫系の黒にします。

●青紫系の黒を指定する

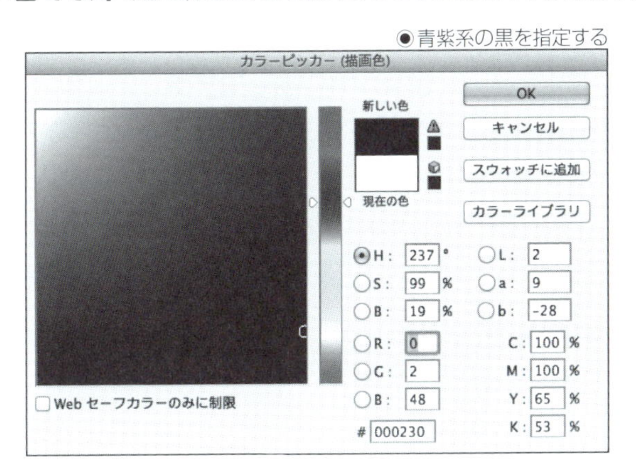

STEP-01 夜のレイヤーを作成

まず、新規レイヤーを作成します。先ほど選択した色をレイヤー全体に[塗りつぶしツール]を使い、全面を塗ります。次に、個別に塗る範囲を選択します。その方法は、[パス]ウィンドウに作成した[パス]があれば、コマンド+クリックで、選択範囲を取得します。さらに、[shift]キーを併用することで、選択範囲を加算していくことができます。

ここでは、建物の形のパスから選択範囲を選び、その範囲を[delete]キーで削除して、建物のマスクになるレイヤーを制作しました。

◉建物以外を塗りつぶしたレイヤー

さらに、[消しゴムツール]を使い切り取った建物の周辺部もレイヤーのイメージ部分をコマンド+クリックで、選択範囲を取得します。

そして、空と地面・周辺の構造物(主に木々)のレイヤーを作成しました。空は、[ツール]ウィンドウにある[グラデーションツール]を使い、上下に対してグラデーションをつけると自然な印象になります。建物や周辺部を選択範囲に指定して、[delete]キーで削除をして切り抜き、空だけのレイヤーにします。

◉空を塗りつぶしたレイヤー

◉周辺を塗りつぶしたレイヤー

[ツール]ウィンドウにある[グラデーションツール]を選択します。メニューバーにあるグラデーションのイメージをクリックすると、[グラデーションエディター]ウィンドウが立ち上がります。

白と黒のグラデーションのプリセットを選択し、下部にある[グラデーションタイプ]の黒側にあるマークを確認します。これは、[カラー分岐点]と言い、グラデーションの色の指定を行えます。クリックすると、前項で登場した色を指定するウィンドウが立ち上がります。同様に青紫系の黒を指定して、夜のグラデーションを作成します。[グラデーションツール]で範囲を指定することで、グラデーションが作成できます。

●影のレイヤー

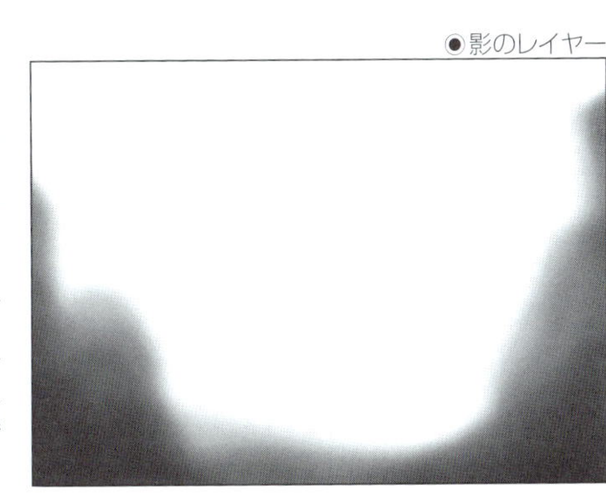

次は、[ブラシツール]で影をつけます。建物の周辺部、建物より手前にある部分は、暗くすることで建物にピントがあったような印象になり引き立ちます。ブラシを大きく設定し[不透明度]を10〜30%程度にして、何度か繰り返し影をつけると馴染みます。

STEP-03 夜のレイヤーの配置

選択範囲は大きく分けて次の5つになります。

- 全体
- 建物以外
- 空
- 地面・周辺の構造物
- 周辺

●レイヤーの構成

建物は明るく、それ以外は暗くすることは基本と言えます。夜空の逆光のような効果を作るため、手前にあるものは暗くして、空を明るくします。これで、夜のイメージができます。

この他に、照明や星など明るい要素を、夜のレイヤーの上部に配置します。照明は、建物の夜の状況を撮影して考察を行う必要があります。その他にも、リアリティが増す要素があれば、状況に応じて追加して、イメージの作り込みをしていきます。

STEP-04 夜のレイヤーの設定

レイヤーの順序の他に、[描画モード]や[不透明度]の設定を行う必要があります。レイヤーを制作した時には、[描画モード]の初期設定が[通常](❶)、[不透明度]の初期設定が100%になります(❷)。これでは、不透明なため昼間の画像を見ることができません。

●レイヤーの構成

[レイヤー]ウィンドウにある[描画モード]を[通常]から[乗算]に変更します(❸)。[描画モード]は合成方法と言えますが、[描画モード]と[不透明度]を変更しながら、調整していきます。[不透明度]は、今回は、80%程度に設定を行いました。画像や状況によって異なるので、レイヤーごとにパーセントを調整してながら設定します。透明度を調整していくことで、夜の光景のように見えてきます。

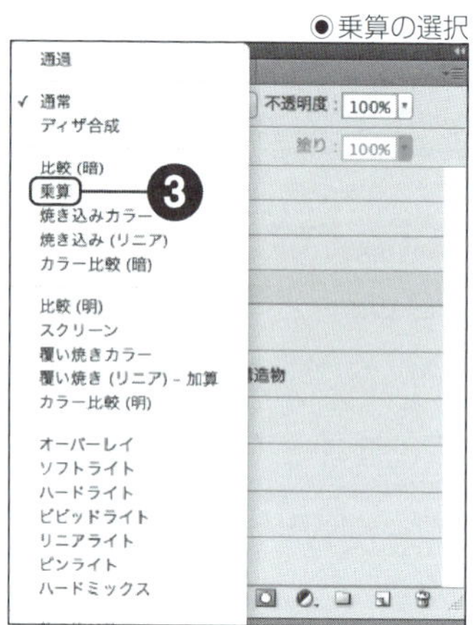

●乗算の選択

SECTION-40

キーイメージの合成

夜のイメージの準備は整いましたので、ここから、夜のレイヤーの上部に、キーイメージのレイヤーを重ねていきます。

イメージの合成

建物に合うイメージを[マスクレイヤー]をかけてレイアウトしていきます。写真やイラスト、グラフィックなどの平面的なイメージ、建物の形を前提にしていないイメージを配置してもかまいません。もちろん、立体感があり、建物の形を前提にしたイメージを作り込んでも良いでしょう。

夜のレイヤーの上に、キーイメージになるレイヤーを配置します。そして、[描画モード]を[通常]から[オーバーレイ]に変更します。

イメージが、複数のパーツで構成されている場合は、[フォルダ]を作成して、その中にレイヤーを移動させます。[フォルダ]を選択して[オーバーレイ]に変更します。

●描画モードをオーバーレイに変更

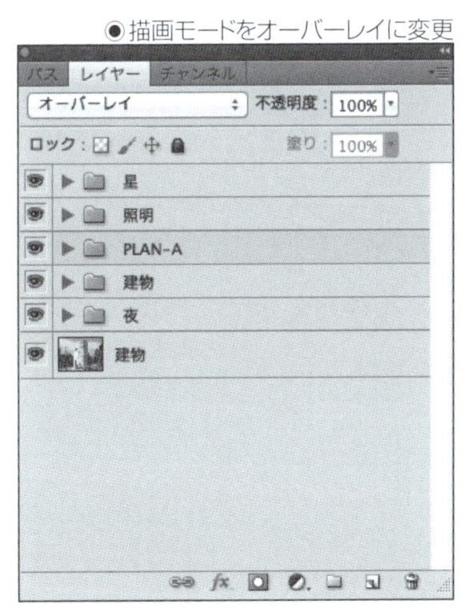

イメージの鮮やかさが強すぎる場合は、[不透明度]の数値を調整します。もし、鮮やかさが弱い場合は、イメージのレイヤーまたはフォルダを[レイヤー]ウィンドウの右下にある[新規レイヤーを作成]にドラッグ&ドロップします。同じものがコピーされ、2つのイメージを合成することになるため、イメージの鮮やかさが強くなります。強すぎる場合は、[不透明度]を調整します。

キーイメージ① クリスマスツリー

(コンテンツ:企画主旨×建物形状)

壁のレンガを生かすことを考えました。また、クリスマスで最も象徴的なイメージであるクリスマスツリーは必要だと考えました。その2つの要素を合わせて、レンガの形をしたクリスマスツリーをイメージしました。

レンガの色が変わることで、クリスマスツリーが現れます。木、星、雪、電飾すべてが、レンガ1つ1つから構成されます。木はグリーン、背景はレッドでクリスマスカラーにしました。建物の壁のレンガを生かしつつ、クリスマスの要素を構成しています。また、配色からも、クリスマスを表現しています。

[消しゴムツール]を使い、建物の写真からレンガとレンガの溝(目地)を消していきます。非常に細かいので、丸2日程度、作業に時間がかかりました。そして、レンガを切り分けて、色をつけることでクリスマスツリーが完成します。

◉キーイメージ①(クリスマスツリー)

キーイメージ② 昔の展望台が雪景色になる

（コンテンツ：気候・季節×地域文化）

かつて、この近くにあった展望台の写真を使うことにしました。ここは、標高の高い場所にあったため、昔から展望台や見晴らしができる場所が作られました。かつての展望台の写真が入手できたので、それを使い、場所にあったイメージを使いました。また、クリスマスという行事や季節を意識して、雪が降り積もる要素を追加して、テーマに合わせました。

写真にレイヤーマスクをかけて、レイアウトを行いました。また、写真を冬の姿に変える描写をPhotoshopの[ブラシツール]で制作しました。写真に映る立体的に合わせて、雪が積もったように描きました。

◉キーイメージ②（雪が積もる展望台）

キーイメージ③ クリスマスデコレーション

（コンテンツ：企画主旨×クリエイター）

塔を小屋に見立てて、クリスマスのデコレーションを行いました。クリスマスの飾り付けに出てくる要素を登場させることができ、つららを建物の淵や窓につけて、ホワイトクリスマスを演出することができます。

また、私は、制作手法の1つとして、手を使った映像を制作することがあります。映像の展開方法としては、赤い手袋をはめ、サンタクロースと見立てた手が、小屋をデコレーションしていく楽しい光景を演出しています。

建物の形に合わせたデコレーションのパーツのデータをIllustratorで制作します。そして、色画用紙にプリントしカッターナイフでカット、またはカッティングマシンでカットし、カメラでコマ撮りを行い、アニメーションの制作を行いました。

キーイメージを3つ制作しました。つまり、大きく分けて、3つ程度のシーンを考えられるでしょう。このイメージをもとに、必要があれば、プレゼンテーションを行います。さらに、このイメージが絵の質の基準になるため、実際に映像に出来るのかも検討していきます。

●キーイメージ③（クリスマスデコレーション）

キーイメージ④　雪の結晶と色彩で冬を演出

（コンテンツ：企画主旨×気候・季節）

季節が冬で、会場が山の上ということもあり、雪を連想しました。さらに、象徴的なイメージとして、雪の結晶を使いたいと思いました。建物の形状に合わせて、ドット上に丸を配置するレイアウトを制作していたので、クリスマスバージョンでは、ドットを雪の結晶に置き換えました。

ただ、これだけではあまり冬らしさを演出できないと考え、冬の空、例えば北欧で見られるようなオーロラのようなグラデーションであれば、美しく冬を演出できるだろうと思いました。他のキーイメージとは、少し異なる色彩を使う機会にもなったと思います。

◉キーイメージ④（雪の結晶）

映像コンテンツの要素の確認

CHAPTER 2の「充実した内容にするためのコンテンツリサーチ」の映像コンテンツの要素で紹介した図になります。キーイメージの項目において、それぞれ映像コンテンツの要素の組合せを示しました。図に追加すると次のようになります。

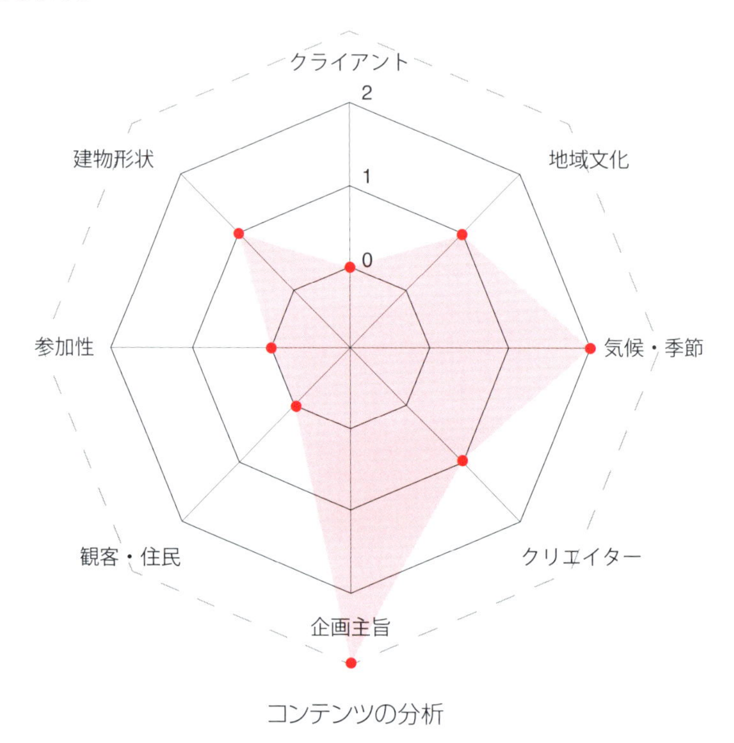

コンテンツの分析

◆キーイメージの組合せ

①企画主旨×建物形状
②気候・季節×地域文化
③企画主旨×クリエイター
④企画主旨×気候・季節

キーイメージの要素の組合せを整理してみると、今回はコンテンツとしてのバランスは十分だと思います。クライアントは、強い主張がある場合に追加される可能性があり、観客・住民、参加性においては、企画の内容や規模にも依存するため、制作側の提案として、十分という意見です。

SECTION-41

現場での機材の設置

今回の企画では、本番の2週間前にプロジェクターを現場に設置することができ、プロジェクターの投影テストやテンプレートの制作を進めることができました。現場の設置状況は次のようになります。

機材の状況

- 時期……本番2週間前
- 作業時間……22時から24時の計2時間程度
- 設置場所……建物入口の風除室
- 施工……機材置き場、プロジェクター台は事前に工事終了
- プロジェクター……10000ルーメン
- アスペクト比……4:3
- 電源……200V
- 映像再生……メディアプレイヤー(USBメモリ対応)
- 映像の解像度……1280×1024
- 映像出力……アナログRGB(D-sub15ピン)
- モニター……映像確認用の液晶ディスプレイ
- 映像分配器……アナログRGB(D-sub15ピン)の分配
- 制御用スイッチ……プロジェクター電源、レンズシャッター、100V電源
- サーキュレーター(扇風機)……プロジェクター付近に設置

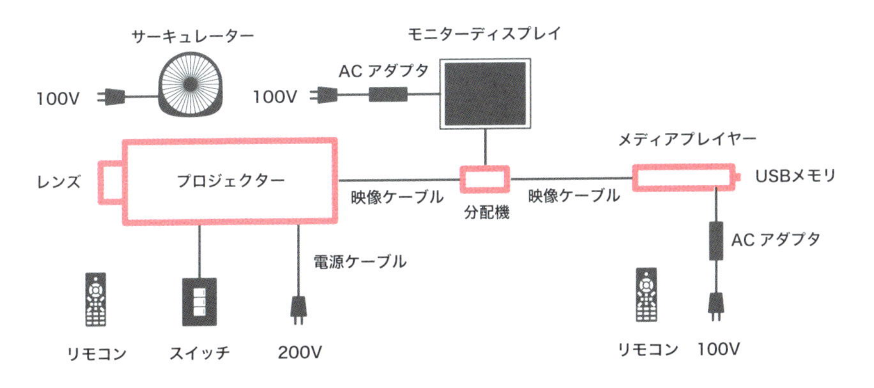

機材の構成

現場の状況

建物の玄関にある風除室内に機材を設置し、ガラス越しで映像を投影することになりました。山中ということもあり、天候の変化が激しく湿度も高くなるため、室内からの投影が必須になります。

メディアプレイヤーの設置と操作する場所も必要だったため、ドアが付いた小屋を設置し、小屋の屋根にプロジェクターを設置しました。また、プロジェクターの電源が200Vの機種だったため、建物奥にある配電盤から、200Vと100Vの各1系統の配線工事を行いました。

機材の準備については、メディアプレイヤーとUSBメモリは、私が準備を行い、その他の機材や配線、スイッチなどは、映像機材のレンタル会社に設置、施工を依頼しました。

STEP-01 プロジェクターの設定

機材の配置や配線が完了すると、プロジェクターの電源を入れ、セッティングを始めます。プロジェクターの投影範囲や設定は、基本的には、プロジェクターの設置業者のテクニカルスタッフに操作をお願いしました。

テレビ放送でも見かけるカラーバーや黒地に白のグリッドのイメージなど、いくつかの画像を使い、映像の位置やピントを合わせる作業が続きます。また、双眼鏡やスコープなどを用いてピントがあっているのか、または2名がかりでプロジェクター側と建物側で大声を出すか、電話やトランシーバーなどで連絡を取り合いながら、設定を進めます。

映像の範囲は、建物の高さに合わせてプロジェクターをセッティングします。

STEP-02 テンプレートの制作

プロジェクターのセッティングを整うと、パソコンをつなげます。Illustratorで[ペンツール]を使い、テンプレートの制作を進めます。制作の所用時間は、30分程度でした。もし、現場での時間が非常に限られる場合は、事前に写真をもとにパスデータを制作して、現場で合わせていくなど、効率的な作業をする工夫をした方が良いでしょう。

また、経験上、冬に屋外での作業になると、寒さで手が不自由になるため、事前の準備や対策を考えておくべきです。建物の面やパーツの違いがわかるように、色を変えながら、[ペンツール]でパスを作成していきます。

SECTION-42

テスト投影後の制作

プロジェクターの設置が完了して、テンプレートの制作を終えると、実際に投影するイメージを制作することが可能になります。さっそく、映像を投影したいところですが、テンプレートの改良、キーイメージからスライドショー映像の制作、再度のテスト投影を通して、確実な手順で制作を進めます。

STEP-01 テスト投影のスケジュール

今回は、本番までの2週間の間に、4回程度のテスト投影を行うことができました。

- 1回目……プロジェクターの設置、テンプレートの制作
- 2回目……完成したテンプレートやスライドショー映像の投影
- 3回目……映像の投影
- 4回目……前日試写

◉テンプレート画像

まずは、1回目のテスト投影で制作したテンプレートを持ち帰り、データの整理や完成度を高めます。そして、映像を作り込まずに、スライドショーにして、簡易な映像を制作して、2回目のテスト投影を行います。時間をかけずに、2回目を行う理由は、テンプレートのズレがないのか、映像や機材のチェック、映像の色彩、明るさ、要素の大きさの確認があります。そのため、制約がなければ、プロジェクターの設置の翌日や二日後にでも行うと良いでしょう。

3回目は、2回目のテスト投影をふまえて、制作を進めた映像を投影します。この制作においては、制作の時間をじっくりと確保するべきです。4回目は、関係者を含めて本番直前の試写を行います。必要に応じて、映像の制作や修正を行い、本番を迎えます。

STEP-02 テンプレートの改良

テンプレートが完成すると、次はテンプレートに建物の画像を追加します。

キーイメージ①のクリスマスツリーは、レンガをベースにイメージを制作します。そのため、テンプレートにも、レンガや壁の詳細を追加する必要があります。キーイメージで制作した建物のレイヤーをテンプレートに読み込みます。ズレがあるため、[自由な形に]を使い、変形させてズレを修正します。

レイヤーを重ねて、建物の[不透明度]を50%程度に変更して、位置を確認します。もしズレがある場合は、建物の左、中、右面の3つに画像を分割して、それぞれに[自由な形に]を使い修正を行うとズレが少なくなります。

もし、プロジェクターの位置と、キーイメージ用の写真を撮影した場所が離れていた場合は、[自由な形に]ではズレを修正しきれません。再度プロジェクターのレンズの位置から撮影を行う方が効率的でしょう。

◉テンプレート画像と写真の合成

STEP-03 スライドショーの制作

テンプレートをもとに、画像の制作を進めます。キーイメージの画像をはじめ、建物の形にマッピングした画像、建物のシルエットでマスクした画像など、色彩や明るさに幅のあるさまざまな画像を準備すると良いテストになります。

制作した画像は、静止画（JPEG、PNG、PSD形式）に書き出して、画像データにします。

●キーイメージの画像データの書き出し

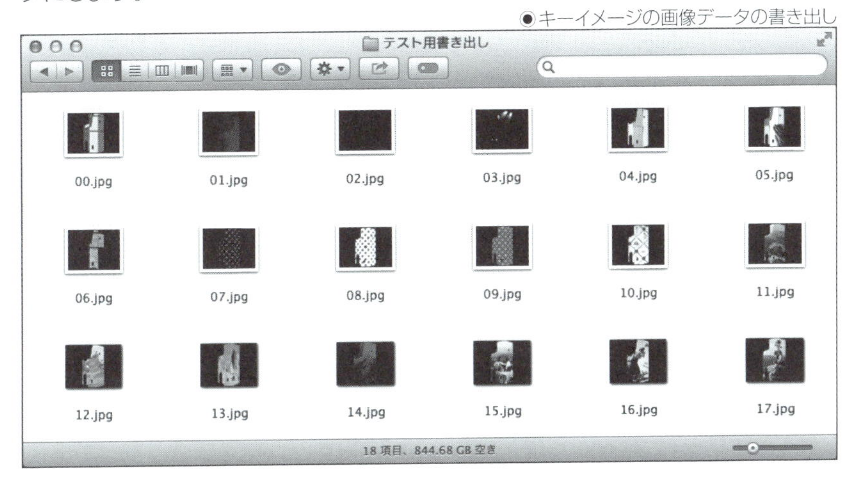

スライドショーは、After Effectsで制作します。実際の投影するための映像もAfter Effectsを使うため、同じ環境で制作することをオススメします。

まずは、コンポジションを新規作成します。今回は、アスペクト比が4:3になります。解像度は、1400×1050で制作しました。実際には、1280×1024の映像が再生することになりましたが、トラブルがあってはいけないので、念のため少し大きく制作しました。

●スライドショーの作成

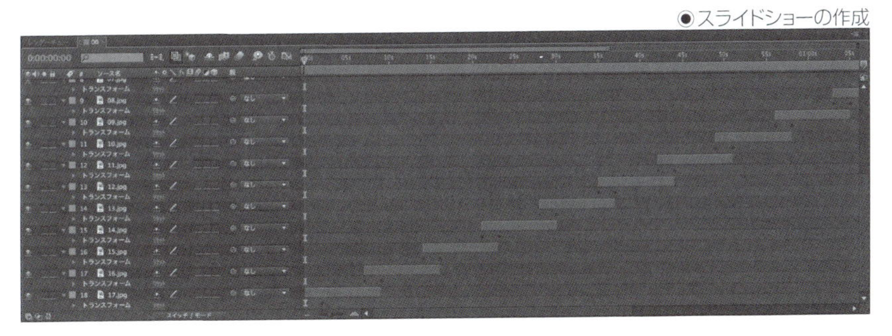

テンプレートをもとに制作した画像を読み込み、タイムラインに配置します。もし、映像の流れの検討をつけている場合は、順番通りに画像を並べます。さらに、画像の変わり目をフェードインさせます。画像と画像の色が混ざるため、色彩の変化も参考になります。1つの画像を5秒程度にして、フェードインの時間は2秒程度で、1～2分程度のテスト映像を作ります。

STEP-04 スライドショーの書き出し

今回は、メディアプレイヤーで再生するため、あまり映像のビットレートが高くない方が良いでしょう。書き出し設定は、コーデックを[H.264]に指定して、書き出しを行います。書き出し方法はいくつかあります。

◆汎用的な方法

- After Effectsでコーデック[H.264]で書き出し

◆最高画質を求める方法

- After Effectsでコーデック[animation]で書き出し

◆ビットレートを調整する方法

- After Effectsでコーデック[animation]で書き出し
- Media Encoderに映像を読み込み、ビットレートを指定して書き出し

◆映像に不具合が出た場合

- After Effectsでコーデック[H.264]で書き出し
- QuickTimeに映像を読み込み、書き出し

1～2分程度の映像であれば、書き出しや変換にかかる時間は数分程度です。メディアプレイヤーによっては、映像を読み込まない、再生に不具合があるなど、問題が発生することがよくあります。現場ではトラブルもあり時間も限られるため、さまざまな設定で書き出したデータを準備するか、映像を制作した段階で、事前に再生テストを行う方が良いでしょう。

最高画質にこだわりたい場合は、コーデックを[animation]に指定します。非圧縮の設定になりますので、データは非常に重くなります。パソコンでの再生は可能ですが、メディアプレイヤーの再生は難しいです。

もし、メディアプレイヤーの性能を把握している場合は、Media Encoderで映像のビットレートを指定して書き出すこともできます。たとえば、30Mbps以下に指定して書き出すことができます。性能の範囲内で、最も高画質な映像を再生したい場合は、Media Encoderで書き出しを行います。

QuickTimeに映像を読み込み、再度書き出しする方法もあります。QuickTimeは、汎用的な映像を扱うため、一般的な映像データを書き出してくれるため、不具合を解消する可能性があります。

SECTION-43

映像の編集

キーイメージをもとに、映像の制作を進めます。キーイメージが、映像のシーンやシークエンス（イメージの連続）を作ることになります。つまり、キーイメージの数だけコンポジションを作成します。

コンポジションの準備

4つのコンポジションとそれらを編集するためのコンポジションを準備します。使用する機能やエフェクトは「フェードイン・フェードアウト」「リニアワイプ」「CC Snow」などがあります。

◆フェードイン・フェードアウト

画像・動画のレイヤーの[トランスフォーム]の[不透明度]の数値を調整します。フェードインは、画像が徐々に現れる状態なので、[不透明度]を0%から100%に変化させます。変化する時間は、タイムラインで指定を行います。

フェードアウトは、画像が徐々に消える状態なので[不透明度]を100%から0%にします。画像・動画レイヤーと黒い背景、または画像・動画レイヤー同士の組合せで使います。

◆リニアワイプ

リニアワイプは、直線的なワイプをすることが出来るシンプルなワイプです。また、ワイプの角度を決めることができ、直線の境界をぼかすことも出来るため、汎用的で応用してつかうことができます。

エフェクトを追加する素材を[タイムライン]ウィンドウで選択します。そして、[エフェクト]メニューにある[トランジション]の[リニアワイプ]を選択します。

●リニアワイプの選択

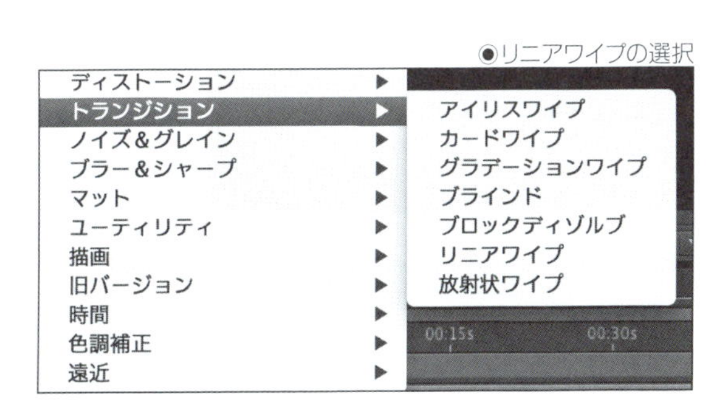

[タイムライン]ウィンドウの選択した素材に、[エフェクト]という項目が追加されます。さらに、その中に、[リニアワイプ]が追加されます。同時に、[エフェクトコントロールビューア]でエフェクトのパラメータを調整することができます。これは、[タイムライン]ウィンドウの[リニアワイプ]のパラメータとも連動しています。

まず、[ワイプ角度]を決めて、[変換終了]を調整します。そして、イメージによっては、[境界のぼかし]を使うこともあります。

例えば、上から下へワイプをする場合は、[ワイプ角度]を[+180°]にして、[変換終了]を[0%]から[100%]に変化させます。数値を変化させる場合は、タイムラインのバーの位置を指定してから、数値を変化させていきます。

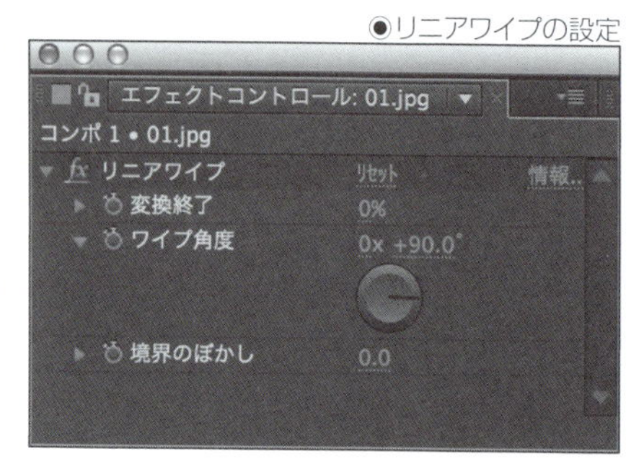

●リニアワイプの設定

◆CC Snow

[CC Snow]は、雪を降らせるエフェクトで、パーティクルという粒子を扱うCGの定番の手法です。After Effectsでは、[CC Snow]というエフェクトが標準で用意されています。

通常のエフェクトは、素材の画像や動画に効果をつけますが、[CC Snow]のようにCGのパーティクルでは、素材は直接関係ありません。そのため、[レイヤー]メニューの[新規]にある[平面]を選択します。[平面設定]ウィンドウが立ち上がります。初期設定では、[サイズ]がコンポジションと同じで、[カラー]は黒になります。

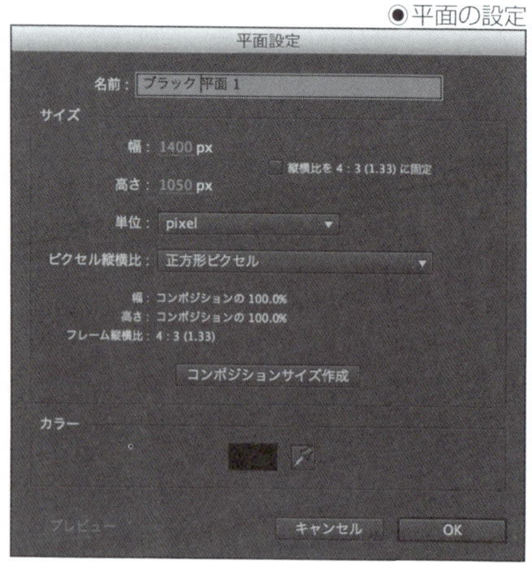

●平面の設定

[タイムライン]ウィンドウで、平面レイヤーを選択します。[エフェクト]メニューにある[Simulattion]の中にある[CC Snow]を選択します。

[コンポジション]ウィンドウには、雪のイメージが表示されます。

●CC Snowの表示

●CC Snowの設定

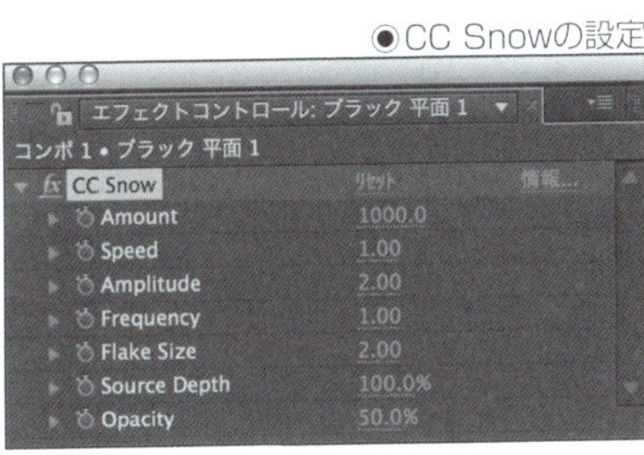

この時点で、雪が降るアニメーションが生成されています。[レンダリング]をすることで、動画としての確認をすることができます。上から下へ白い粒が降りていきます。そして、[エフェクトコントロールビューア]に[CC Snow]のパラメータが追加されます。

- [Amount] ……粒の量
- [Speed] ……粒の移動速度
- [Amplitude] ……粒が横に移動する範囲
- [Frequency] ……粒の揺らぎ
- [Flake Size] ……粒の大きさ
- [Source Depth] ……粒が降る奥行き
- [Opacity] ……粒の透明度

パラメータの数値を変更することで、雪のパーティクルがどのように変化するのかがわかりやすいものもありますが、[Speed] [Amplitude] [Frequency]など、移動に関するものはレンダリングをして確認すると確実です。平面レイヤーの[不透明度]を調整することで、雪のパーティクルの不透明度を調整することができます。

SECTION-44

アナログ的な方法で映像コンテンツを制作

映像コンテンツとしてよく使う制作手法に、カメラで撮影してプロジェクションマッピングの映像を制作することがあります。

カメラやカッティングマシンで映像制作

前項では、After Effectsのエフェクトやトランスフォームで映像を制作する方法を紹介しました。After Effectsは、基本的なことをするには、非常に便利なアプリケーションですが、誰でもすぐに同じことが出来てしまうということでもあります。または、After Effectsや3DCGソフトを使い、さらに面白いことをしようとすると、非常に高度なテクニックや高価なプラグインが必要になってしまう可能性があります。

そういう現状を理解すると、手法からもう1度考えるというのも、1つの手段と言えます。撮影を通して、アナログ的な方法や素材を取り入れることで、アプリケーションだけで制作した映像とは違う、質感や展開などを作ることができます。次の手順を通して制作を進めます。

STEP-01……Illustratorで各素材のパスデータを制作する
STEP-02……カッティングマシンで画用紙をカットする
STEP-03……カメラをセッティングして、撮影を行う
STEP-04……映像または写真をパソコンに取り込む
STEP-05……After Effectsで読み込み、編集を行う

STEP-01 Illustratorで各素材のパスデータを制作する

Illustratorの[新規ドキュメント]を立ち上げて、サイズを[A4]にして、[方向]を横長の配置にし、建物のテンプレートを読み込みます。テンプレートは、パスデータになっているものを使います。テンプレートをA4横におさまるように移動と大きさの調整を行います。

建物の形をパスデータとして扱えるようにします。例えば、建物全体、建物の上と下、建物の右、中、左の面、窓や入口の形などの中から、使えそうな部分やその組合せを見つけ、パスデータとして分けていきます。

さらに、クリスマスのイメージをパスデータで制作します。たとえば、オーナメント、靴下、手袋、トナカイ、雪、雪だるまなど様々なものが考えられます。

それらを[ペン]ツールで描き、大きさは建物のテンプレートの大きさに合わせていきます。

絵を描くことが苦手な人は、インターネットや市販の素材集からパスデータを手に入れることができます。または、画像(ビットマップデータ)があれば、Illustrator上でその画像を下書きにして、パスデータを制作することも可能です。

STEP-02 カッティングマシンで画用紙をカットする

A4程度の画用紙を用意します。そして、カッティングマシンという機材を使い、パスデータの形に画像紙をカットしていきます。カッティングマシンを使う理由は、正確な形にカットすることが出来ること、画用紙にパスを印刷してはさみやカッターナイフで切り取る手間が省けることです。

●カッティングマシン(CAMEO)

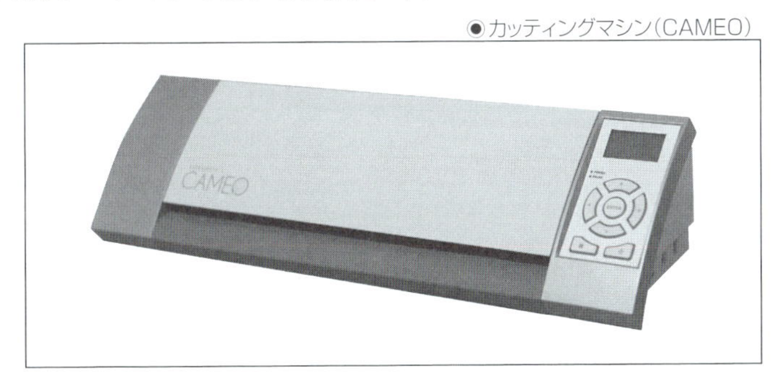

カッティングマシンは、Illustratorのパスデータや専用ソフトで制作した形に合わせて、本体に内蔵された刃が自動的に動き、シート、フィルム、紙などある程度薄い素材をカットしてくれます。

カッティングマシンを持っていない人は、パスデータをレイアウトして、画用紙にプリントアウトし、はさみやカッターナイフで切り取ります。切り取った紙は、必要に応じて接着剤を使い、素材を完成させていきます。

STEP-03 カメラをセッティングして撮影を行う

カメラ、三脚、照明をセットします。建物のテンプレートを印刷しさらにシルエットの形に切り抜いたものを黒い紙に貼ります。これはマスクになります。あとから、After Effectsでマスク処理を行っても同じです。

◉撮影セットの状況

カメラ、レンズの設定は、撮影する画角が、テンプレートに出来るだけ近いように撮影を行います。動画または静止画で記録を行います。

◉紙のテンプレート

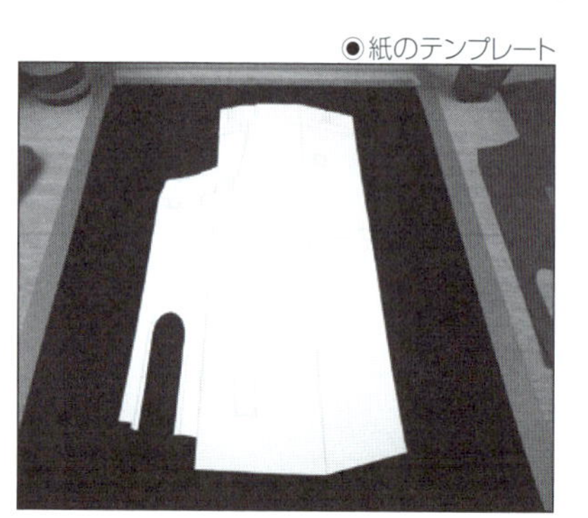

◉カメラの映像

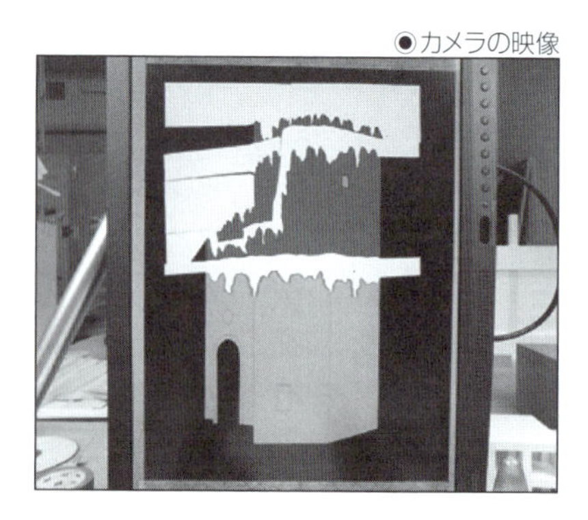

STEP-04 映像または写真をパソコンに取り込む

撮影したデータは、パソコンに取り込みます。最近のデジタルカメラでは、SDカードなどのメモリーカードに記録データが保存されます。記録データをコピー&ペーストして、メモリーカードからデータを移動させます。

ファイルの位置やファイル名をむやみに変更させないために、フォルダごと移動することをお勧めします。

STEP-05 After Effectsで読み込んで編集を行う

テンプレートを線画にして、白い画用紙に印刷します。これが撮影の基本、パーツを置く下敷きになります。色画用紙にも、印刷を行います。建物の形(パーツ)をカッターナイフやはさみを使い切り分けていきます。カッティングマシンという機材があれば、Illustratorのパスデータから、画用紙のカットを機材が行うことも可能です。

パスデータになったテンプレートデータをIllustratorで開き、ドキュメントの設定をA4サイズにします。テスト投影の時に、ブラシツールで修正を行った場合は、[ペンツール]でパスデータを修正します。

パスの線を黒色にして、印刷を行います。線が目立ちすぎる場合は[線幅]を[0.25pt]程度に変更します。また、線の色を灰色にします。テンプレートの作成時には、建物の形を線でなぞっただけになりますが、建物の部分をパーツとして独立できるように、パスデータを整理します。

A4サイズにおさまるテンプレートデータをもとに、その大きさにおさまるように、クリスマスのモチーフをパスで制作します。モチーフの制作は、スケッチや画像データを下敷きにして、パスデータを制作するか、無償や有償のクリスマスの素材を利用するなど方法があります。

キーイメージの展開

キーイメージをもとにしたコンポジションの展開と使用している素材や手法を解説します。

◆キーイメージ① 昔の展望台が雪景色になる

(コンテンツ :気候・季節×地域文化)

1………黒背景
2………[CC Snow]をフェードイン
3………[CC Snow]の下に、画像(女の子)が横移動しながらフェードイン
4………[CC Snow]の下に、画像(展望台 夏)がフェードイン
5~8… [CC Snow]の下に、画像(展望台 冬)がリニアワイプ(上から下へ)
9………[CC Snow]、画像(展望台 冬)がフェードアウトして、黒背景へ

◉展望台に雪が降るコンテンツ

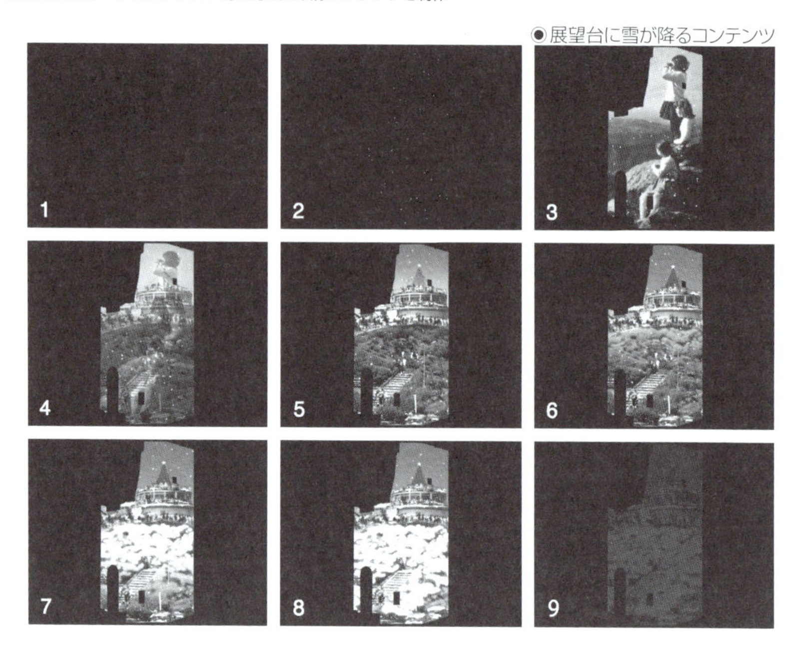

◆キーイメージ② 雪の結晶と色彩で冬を演出

（コンテンツ：企画主旨×気候・季節）

1………黒背景

2………画像（雪の結晶　黒）がフェードイン

3………画像（雪の結晶　青）がフェードイン

4………画像（雪の結晶　赤）がフェードイン

6………画像（雪の結晶　白）がフェードイン

6………画像（雪の結晶　白）がフェードアウト、黒背景へ

◉雪の結晶のコンテンツ

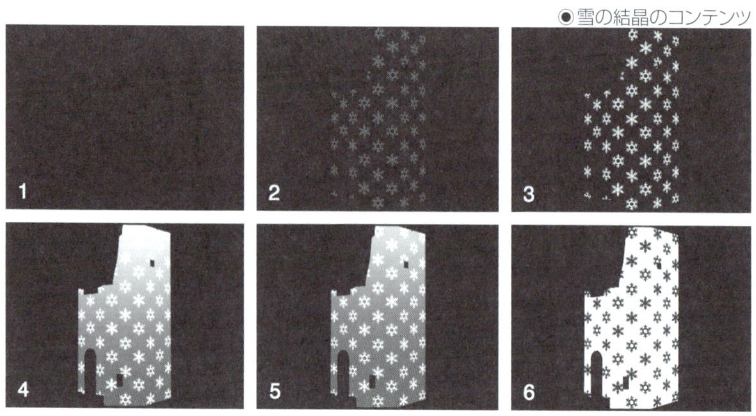

◆キーイメージ③　クリスマスツリー

（コンテンツ：企画主旨×建物形状）

1………黒背景

2………画像（星）がフェードイン

3………2つの画像（電飾）が交互に表示される

4〜6… 画像（電飾）と画像（星）の下に、画像（ツリー）が画像（帯飾り）リニアワイプ（上から下へ）で現れる。境界線は、画像（黄色のレンガ）を使う

7………画像（電飾）、画像（星）、画像（ツリー）の上に、画像（帯飾り）がフェードイン

8………画像（電飾）、画像（星）、画像（ツリー）、画像（帯飾り）の上に、画像（星飾り）フェードイン

9………画像（電飾）、画像（星）、画像（ツリー）、画像（帯飾り）、画像（星飾り）の上に、画像（赤レンガ）がフェードイン、黒背景へ

◉ブロック状のクリスマスツリーのコンテンツ

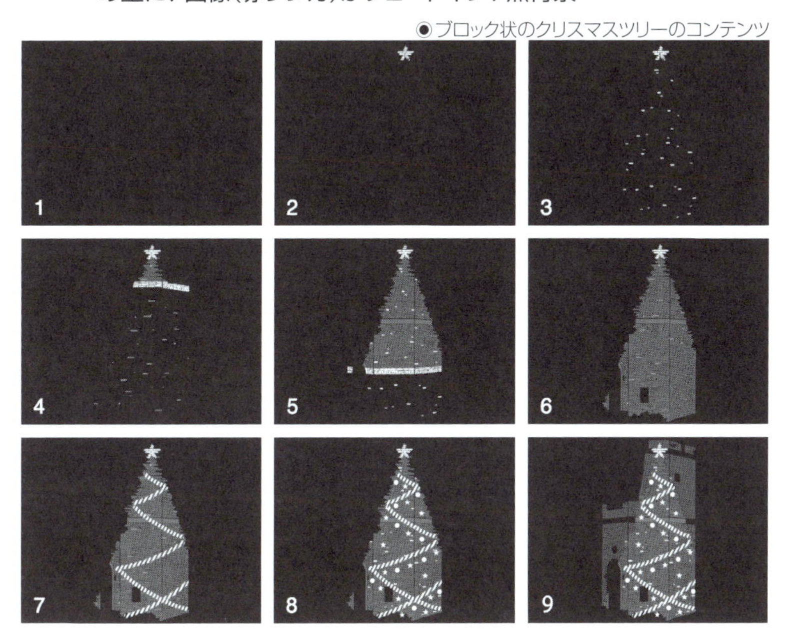

◆キーイメージ④　クリスマスデコレーション

（コンテンツ：企画主旨×クリエイター）

1………… 背景

2………… 動画（白背景）がフェードイン

3〜4…… 動画が展開(建物型の色面を手で配置する)
5〜6…… 動画が展開(カード型の包みを配置して、開く)
7………… 動画が展開(カード型の包みの中から、リースが登場する。閉じる)
8〜9…… 動画が展開(カード型の包みを配置して、開く)
10〜14… 動画が展開(クリスマスの飾りを手で配置する)
15……… 動画が展開(手が上から下へ)、動画をリニアワイプ(上から下へ)
またはクロマキー合成、黒背景へ

◉クリスマスデコレーションのコンテンツ

運営とメンテナンス

本番では、17時頃から22時頃まで映像を投影しました。お店の業務をしているスタッフに、夕方にプロジェクターのスイッチを入れてもらいます。

プロジェクターの映像が安定するためには、約30分程度の時間がかかると機材レンタル会社のテクニカルスタッフから助言もあり、通常業務の合間にスイッチを入れてもらいました。時間が早すぎても、日の光が明るいため、映像が見えることはありません。

メディアプレイヤーは、プロジェクターと合わせてスイッチを入れ、ループ再生の設定をする必要があります。しかし、スタッフの作業が煩雑になるため、状況を見て、メディアプレイヤーのスイッチはONのままでも良いでしょう。機材置き場が、密閉空間で温度があがる場合は、メディアプレイヤーが故障する場合があります。機材置き場にも、簡易な扇風機（サーキュレーター）を設置すれば、問題ないでしょう。

1週間に1回程度、現場の状況を確認します。正しく映像が再生できているのかの確認、メディアプレイヤーが常に再生状態である場合はコンセントを抜き、再起動させます。この方法で、3カ月近く運営をすることができました。

屋外は、天候によって高湿度になります。プロジェクターを設置した風除室は、空間上部は熱が溜まりやすくなりますが、結露が出て映像が曇るといったことはありませんでした。蜘蛛の巣や虫が集まりやすくなるため、定期的に清掃は行うべきでしょう。

CHAPTER 6
プロジェクションマッピングの現場

SECTION-45
プロジェクターのセッティングと使い方

プロジェクションマッピングの上映には、プロジェクターやパソコン、メディアプレイヤーといった映像機器を扱います。規模や状況において、さまざまな性能を持つ機材を選択することになります。そして、現場では、さまざまな制約やトラブルが起こりうるため、機材の基本的な構造や扱い方を把握して、対応できるように備えましょう。

高い専門性が必要であるため、専門の業者やスタッフにまかせて、分業を行うことが理想的です。予算や諸事情がある場合は、機材の使い方や仕組みを理解して、事前にテストを行う必要があります。

プロジェクターの機能

プロジェクターが持つ基本機能とその操作方法を把握することによって、プロジェクターから正確かつ質の高い状態で映像が投影できます。また、映像データの制作が軽減することやそのデータに不備があったときに、プロジェクターで調整、対応することもありえます。

◆プロジェクターの構造

レンズは、本体前方に設置されています。それ以外の要素は、機種や市販用と業務用によって異なります。

市販用によくある特徴は、操作ボタンとズームやフォーカスのスライダーが本体上部に配置され操作がしやすくなっています。またその他にも、シャッ

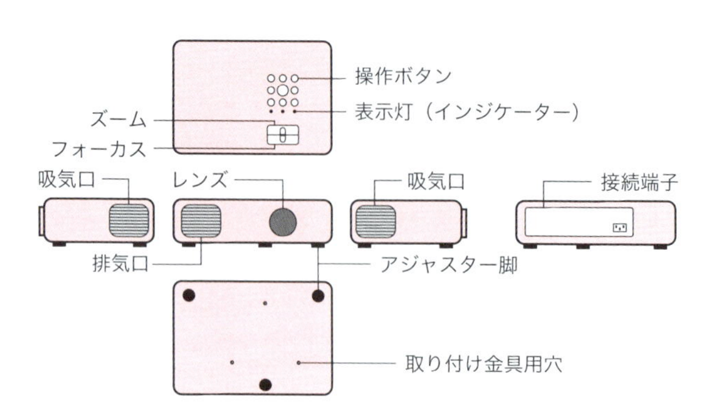

市販用プロジェクターの構造と名称

ター、台形補正のスライダーが付いている機種もあります。本体の角度が変えやすいように、足がのびて角度を調整できるようになっています。

業務用によくある特徴は、レンズが本体正面の中心に配置されていることです。投影したい面の真正面に設置すれば良いので、設置場所を決める時に便利です。排気ファンや接続端子、操作ボタンも、設置時を配慮された設計になっています。特に排気ファンは、熱がこもらないように、前面や背面に配置されることがあります。

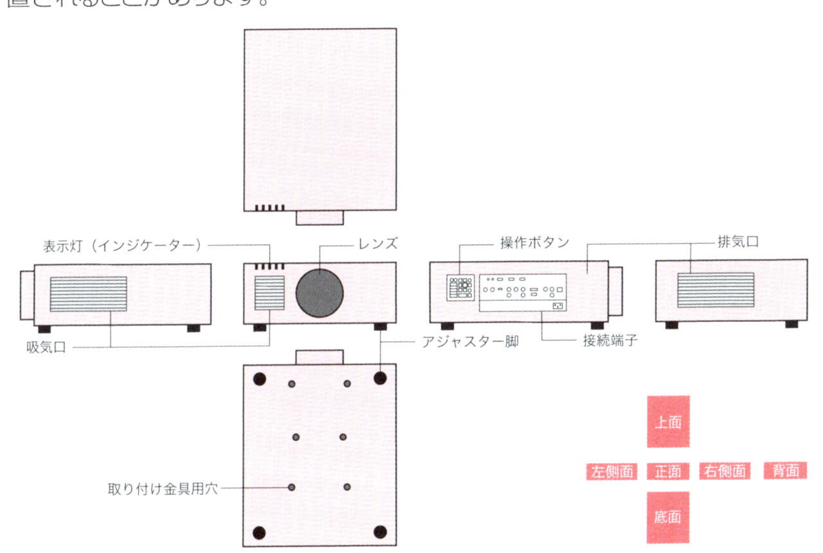

業務用プロジェクターの構造と名称

◆ プロジェクターの調整機能

プロジェクターの調整機能は、入力した映像をどのように調整するのかにあります。ハードとソフトの2つに大きく分けられます。

まず、ハードの機能として、ズームとフォーカスは、レンズのリングを回すことで、映像の大きさとピントを調整することができます。レンズシフトは、レンズ自体を上下左右に動かすことで、プロジェクター本体を動かさずに、投影した映像を移動させることができます。シャッターは、プロジェクターの光を遮り、映像が投影されないようにします。これらの機能は、ハードと言っても、機種によって、物理的に操作するものとリモコンで操作する場合があります。

ソフトの機能として、画質調整があります。明るさ、彩度、コントラスト、赤、青、緑、黒レベルの調整があります。映像モードという設定があり、標準（スタンダード)、自然(ナチュラル)、高輝度(ダイナミック)、映画(シネマ)というモードに切り替えることで映像の印象を変えることができます。モード選択後も、明るさ、彩度などの項目を調整することも可能です。アスペクト比も切り替えることができます。

- レンズシフト
- 画質調整
- 台形補正
- ズーム
- フォーカス
- アスペクト比
- シャッター

プロジェクターの使い方

プロジェクターの操作方法について解説します。

◆ プロジェクターを起動させる

電源ケーブルを接続します。本体に、主電源のスイッチが付いている機種がある場合は、ONにしてから、電源ボタンを1回押します。本体に内蔵されているLEDランプが点滅するか、ファンなどの起動音が聞こえるので、その後、レンズキャップを外して、レンズから光が出るのを確認します。正常に映像が出るまでに多少の時間がかかることがあります。そして、通常の場合、青い画面が表示されると、スタンバイの状態になります。

◆ 映像機器を接続する

プロジェクターの側面や背面に接続端子が配置されています。業務用や高機能な機種ほど、端子の数が多くなるため確認しましょう。「入力」と表示された端子に、映像ケーブルの端子を接続し、映像機器にもその映像ケーブルの片方を接続します。

プロジェクターから投影されている映像の隅に、入力信号が表示されるので、接続した端子の名前と表示が異なる場合は、本体にある操作ボタンか、付属のリモコンにある「入力」切り替えか、接続端子名のボタンを押して、入力信号を切り替えます。接続方法と設定に問題がなければ、映像機器の画面が表示されます。

◆画角の設定

映像機器の接続と表示が確認できたら、画角を設定つまり映像の大きさを調整します。ズーム、フォーカス、台形補正が大きさに関わります。

ズームは、レンズのリングか、プロジェクター本体上部にあるスライダー、本体の操作ボタン・リモコンのズームボタンで調整して、適切な大きさに変更します。次に、フォーカスも、ズームと同様の方法から調整を行い、映像のピントを調整します。ピントが合うことで、微妙に映像が小さくなることがあるので、ズームで微調整を行いましょう。

映像の大きさは、十分であったとしても、投影の角度により、映像は台形になることがあります。その場合は、台形補正が必要になります。

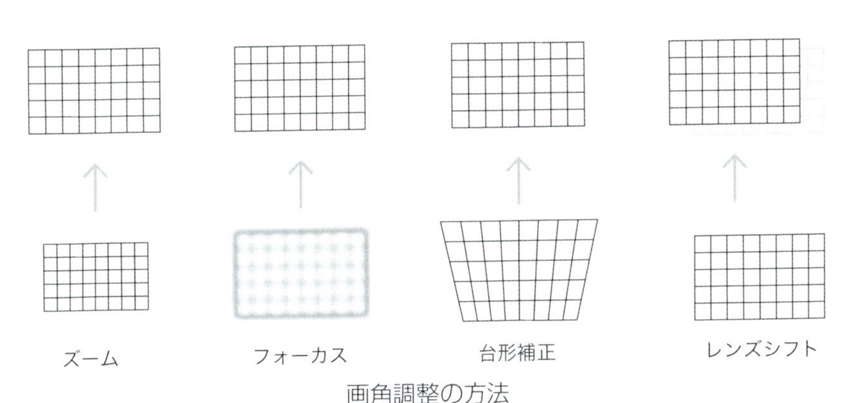

画角調整の方法

◆レンズシフト

レンズシフトは、レンズを上下左右に移動させることで、映像を移動させる機能です。業務用などのプロジェクター本体が大きく重たい場合など本体を容易に動かせない機種にある機能です。投影する面に対して平行に移動するため、映像に歪みや台形にならないので便利です。

◆レンズの取り付け

基本的に専門スタッフが、レンズの取り付け作業を行うようにしましょう。プロジェクター本体とは別に筒状のケースにレンズが保管されて搬入されます。レンズは、非常に重く、電子制御するために、コネクターや配線がむき出しになっています。カメラのレンズより、取り付けが難しいので、経験がある専門スタッフに取り付け作業をお願いします。

◆ 画質の調整

画質や色味の好みは、個人差がありますが、まずパソコンやカメラで制作した映像を基準として、制作時に想定した画質がでるのか調整を行います。建物の壁面の色味や周辺環境の明るさなどを考慮して、明るさや色味を調整します。

[映像モード]を選択して、おおまかに画質を選択して、細かい色調整は、パラメータで調整します。

◆ シャッター

映像を遮る機能です。プロジェクターをシャットダウンせず、映像を再生しながら設定を変えずに、映像を遮ることができます。プロジェクションマッピングを開始・終了する、調整するときに、シャッターが役に立ちます。操作は、ボタンを押すことで簡単にシャッターができます。

また試写の時は、不用意に映像を投影することで、クレームがでる可能性があるので、シャッターは便利です。

業務用プロジェクターには、シャッターをボタンで操作することができる機種があり、市販用プロジェクターでは、プロジェクター本体上部にスライダーがあり、シャッターと同じ役割になります。

◆ 表示灯(インジケーター)

プロジェクターの前面や上面に、表示灯が配置されています。緑、赤、オレンジなどに、点灯・点滅を行い、プロジェクターの状態を表示します。点灯・点滅の意味は、メーカーや機種ごとに異なり、説明書に記載されているため確認が必要です。

- ランプユニットの交換
- 内部が高温になっている
- フィルターやファンによる異常
- ウォームアップ

プロジェクターの設置

プロジェクターを設置する際は、本体とその周辺との関係も把握します。通常、室内でプロジェクターを使う場合は、机の上や天井から専用金具に固定して使うことが多いです。プロジェクションマッピングの場合は、屋外であるため、高さを確保する台や雨風を避ける箱が必要になります。したがって、設置する場所が、狭く閉鎖的な空間になりやすくなります。

◆配線と排気吸気

プロジェクターの設置を設計する場合は、本体のサイズが収まれば良いと考えがちですが、実際は、映像ケーブル、電源ケーブルを接続するため、配線を行う空間を確保しなければなりません。業務用向けのケーブルは、分厚く固いケーブルやコネクターも大きいことがあり、接続端子の側は十分な空間が必要です。

本体の正面、背面、右面、左面などに、スリット状の穴が空いています。そこから、空気が出入りしています。基本的には、熱が出る排気口が1つあり、それ以外は吸気口になります。プロジェクターの周辺に、空間が少なく、排気口から壁面が近いと熱がこもりやすくなってしまいます。可能な限り空間を広くとりましょう。例えば、業務用プロジェクターを使うと、1.5m四方程度の空間であったとしても、密閉した空間であれば熱がこもってしまう可能性があります。

もし、本体内部の熱が排熱されず高まると、内部に温度計が反応して、シャットダウンが起こり、映像が投影することができなくなります。その場合は、外気が入る穴を確保することや空気が循環するようにサーキュレーター(扇風機)を回しましょう。

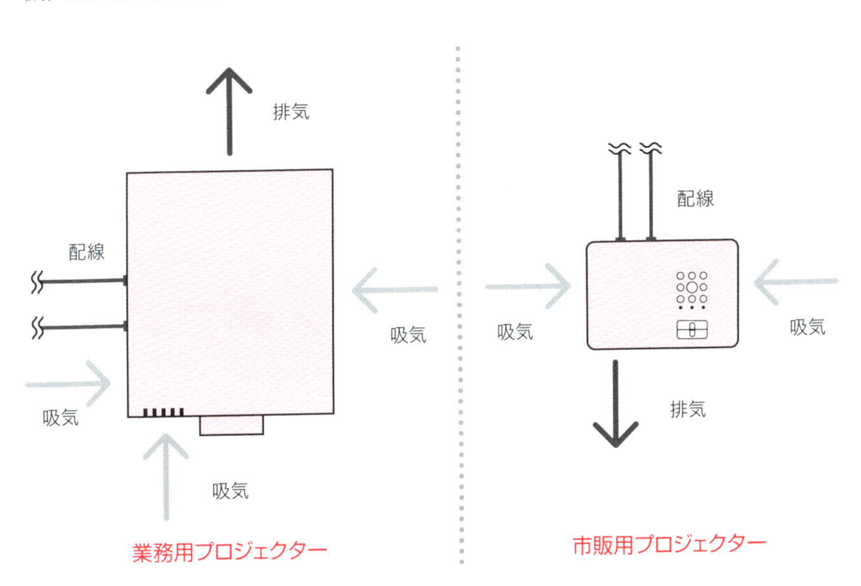

プロジェクターの吸気と排気

◆投影の仕組み

プロジェクターの光がどのように投影しているのかを理解し、どの位置に設置をすればいいのかを計画しましょう。

レンズの中心から、光は出ています。投影される映像の下端にレンズの中心がくると考えて良いでしょう。厳密には、レンズの高さから、数センチ下にも映像が投影されています。

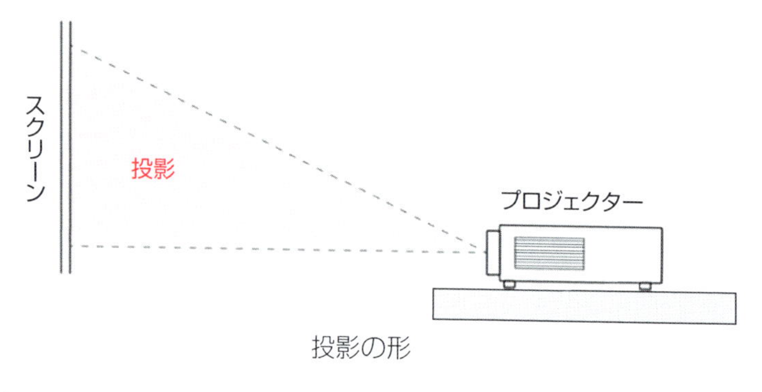

投影の形

この投影の形は、プロジェクターの調整や補正を行なっていない標準の状態です。これが、最も画質が良いと言えます。

しかし、より高い箇所に映像を投影したい場合は、プロジェクター前部にあるアジャスター脚を伸ばし、角度を付けて、台形補正を行い、調整が必要になります。つまり、画質が良い状態そして調整を少なくするためには、スクリーン面の高さにプロジェクターの高さを出来る限り近づける必要があります。

操作マニュアルの作成

使い方や対処方法をマニュアル化することで、専門知識を持たないスタッフによる操作や緊急時の対処が行えます。長期間または常設の上映では、操作マニュアルの作成は必須です。

操作マニュアルは、機材の写真や操作画面のスクリーンショット画像と説明文で構成した説明書にあたります。機材の立ち上げ、映像の再生、上映の終了方法、トラブルの対処方法、表示灯（インジケーター）の解説、テクニカル担当者の連絡先などの内容が必要になります。

数部印刷を行い、機材の設置場所に保管することや運営責任者にも資料として渡しておきましょう。

パソコンによる映像の再生

パソコンをプロジェクターに接続して、テンプレートの作成、試写や本番の映像再生、プロジェクター用ソフトによる映像の調整と再生を行います。

映像の調整

テスト投影を行う場合は、MacBook Proといったノートパソコンが活躍します。プロジェクターにつなげて、ミラーリングを行うことで、ノートパソコンのディスプレイを確認しながら、投影した映像を制作、修正することができます。

現場にて、リアルタイムで映像の修正や合成を行う場合は、デスクトップまたはワークステーション、サーバーと言われるような業務用パソコンが必要になります。

◆ 映像の出力

パソコンとプロジェクターを映像ケーブル及び変換ケーブルを通して接続します。ノートパソコンの場合、特にMacは、映像端子がmini displayportという小型端子になるため、変換ケーブルが必要になります。HDMIやアナログRGBという端子は、ノートパソコンの機種によっては内蔵されていることがあります。

◆ ミラーリング

ミラーリングは、パソコンと同じ画面をプロジェクターに表示させる設定です。パソコンのディスプレイとプロジェクターの解像度により、さまざまな設定の組み合わせがあります。また、ミラーリングをOFFにすることで、複数の画面を表示することになります。

◆ ディスプレイの設定

プロジェクターと接続を行うと、ディスプレイ表示の設定を行う必要があります。パソコンのディスプレイ及ぶ映像出力とプロジェクターで映像の比率(アスペクト比)や解像度が異なることがあります。自動的に設定されることや一度接続設定を行えば、2回目からは設定が不要になることがあります。

基本的には、プロジェクターの最高の解像度、例えば1920×1080ピクセル、1280×800ピクセルなどに、パソコンの解像度も合わせます。場合によっては、パソコンの上下、または左右に黒い面ができます。解像度が合った結果です。

◆ テンプレートの作成

建物へ映像を投影した状態で、IllustratorやPhotoshopを立ち上げて、プロジェクションマッピングのベースとなるイメージを制作します。ペイントツールで建物の面を塗り分けや事前に準備したイメージを自由変形して、建物の形に合わせて、映像制作の元となるテンプレートの作成を行います。

◆ 映像の再生

QuickTimeプレイヤーやVLCなどの映像再生ソフトを使って、映像を再生します。フルスクリーン、繰り返し設定を行うことで、試写や本番の上映に対応することができます。プレイリストを作成して、コンテンツの順番を入れ替えることもできます。

パソコンの省電力設定やスリープ設定を変更して、長時間使用するための設定を行う必要があります。

本番で映像を再生する時は、パソコン画面が見えてしまう可能性があるため、プロジェクターのシャッター機能を使うか、プロジェクションマッピング用ソフトで映像を再生することも可能です。

◆ プロジェクションマッピング用ソフト

建物の形状に映像を変形やマスクをかけてマッピングすることやコンテンツの選択や加工、映像の再生を行うことができます。パソコン、iOS、Android用のアプリケーションがあります。

SECTION-47

メディアプレイヤーによる映像の再生

簡易な操作で映像が再生でき、初期設定さえ行えば、専門知識がないスタッフにも、映像の再生を任せることが可能です。

メディアプレイヤー

SDカードやUSBメモリに映像データを保存して、メディアプレイヤーに接続します。映像データを読み込み、コンテンツを選択して再生が可能です。

メディアプレイヤーの中でも、簡易なものから高度な機能を持つ機種があり、複数のメディアプレイヤーの同期、プレイリストやスケジュールを作成することも可能です。メディアプレイヤーは、mov、wmv、avi、mpegなどパソコンで一般的な映像フォーマットを読み込むことができます。

メディアプレイヤーは、数千円から数万円程度で手に入れることができるため、比較的安価な機材と言えます。しかし、個体毎に不具合やバグが出たり、対処方法がインターネット上にあまり共有されていない等、不便な側面もあります。

◆ BrightSign

BrightSignは、デジタルサイネージ(電子看板)用に設計されたプレイヤーです。複数のメディアプレイヤーを連結することで、映像を同期させることができます。つまり、複数のプロジェクターを用いて大画面かつ高解像度の映像を再生するメリットがあります。また、カレンダーの設定ができるため、長期間の開催にも対応することができます。そのため、プロジェクションマッピングにも、最適です。いくつかのラインナップがあり、4K対応のハイエンド版から、廉価版まであります。

◉メディアプレイヤーBrightSign(写真協力:株式会社シーマ)

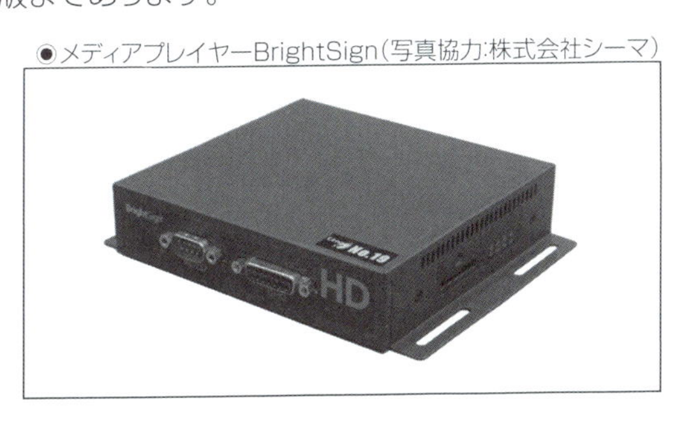

BrightAuthorというWindows専用のオーサリングソフトから、映像を書き出して、SDカードに保存し、BrightSign本体に差します。基本的にリモコンがないため、電源を入れることで再生が始まります。また、スケジュール管理の設定をして、書き出す必要があります。オプションで、コントローラーをつけることが可能で、映像の再生とコンテンツの選択などができます。

●BrightAuthorの操作画面

◆ WD TV Live ストリーミングメディアプレーヤー

メディアプレイヤーの中では、比較的代表的な機種です。USBメモリに、映像データを保存して、読み込みます。リモコン操作で、メニュー画面から、動画を指定して、再生が始まります。

この機種の特徴は、電源が入ると、自動的に指定した映像が再生される機能があります。操作が不要なので、長期間の上映に向いています。

●WD TV Liveストリーミングメディアプレイヤー

SECTION-48

現場設営の役割

プロジェクションマッピングの上映を行うには、プロジェクターを設置するために足場や電源といったインフラを整えなければいません。そのためには、経験や資格を持った専門業者に設置をお願いします。プロジェクターや映像機器のことを把握して、適切な環境を整えるような指示が求められます。

また、足場の設営、プロジェクターの設置、パソコン、映像プレイヤーで映像を再生し、プロジェクターで投影される映像の調整を行う一連の手順が必要になります。作業の全体を把握し、管理を行う現場監督のような役割も必要になるでしょう。

足場(イントレ)について

映像を投影する位置、観客の位置によって、プロジェクターの設置場所を考えなければいけません。足場を設置することで、高さを確保して、映像が障害物によって遮らないように、適切に投影できるようにします。また、場合によっては、人の手や雨風から機材を守るために足場は活躍します。

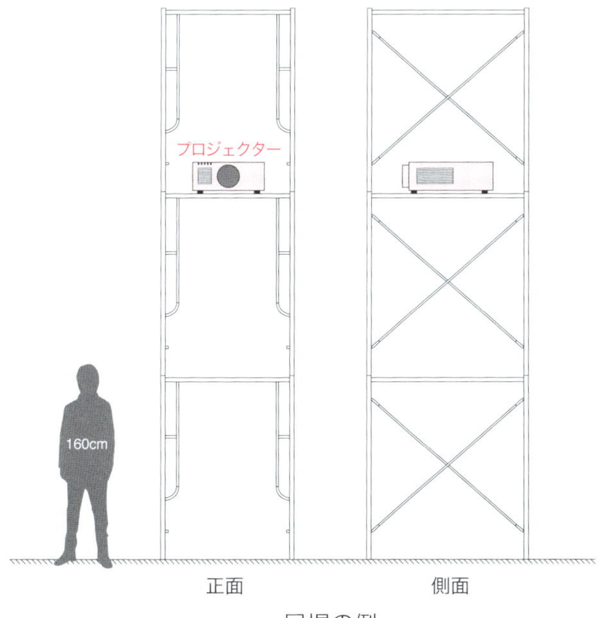

足場の例

足場には、枠、鋼板、ブレス、はしごなどのユニットで構成され、いくつかの規格があります。機材を設置する高さ、機材の量を足場業者に伝えれば、適切な足場を提案してもらえるでしょう。ユニットを1段、2段、3段と積み上げて、高さを確保します。

足場には、防犯や防雨としての機能は元々無いため、シートで囲い、屋根に天板を敷くなど工夫が必要です。さらに、雨天時での投影が必要な場合は、雨風を防ぐため、シートや板材で密閉するため、空調設備を準備しなければなりません。

屋内設置の場合

屋内にプロジェクターを設置して、映像を投影する方法もあります。既存の建物の中から、窓のガラス越しに映像を投影します。プロジェクターを設置する建物と映像を投影する建物の関係は、変えることが出来ないため、適正な距離や障害物が無いなど条件が整わないといけません。建物内でも、安定した台や足場が必要になります。

ガラス越しに、プロジェクターの映像を投影することは可能です。しかし、室内に熱気がこもりやすくなるため、サーキュレーターや扇風機などで排熱を行う必要があります。また、冬は外気との温度差が生じるため、ガラスに結露がつく場合もあるため、状況の確認を適時行いましょう。

仮設の建物、例えば、窓があるプレハブ、ガラス製の小屋を設置して、映像を投影することも可能です。映像投影の大きさやレンズの性能から、プロジェクターの設置場所を割り出し、その位置に仮設の建物を設置します。開催が長期間でスタッフが配置できない場合や天候の変化が激しく雨天決行にする場合は建物内から映像を投影することになります。

電源の確保

プロジェクターや映像機器などの機材を動かすために、電源は必要になります。大きく分けて、2つの電源があります。ガソリンなどの燃料で動く移動可能な電源と、配線工事を行う仮設の電源です。

機材設置場所から、どのような方法で電源がとれるのか、施設敷地の管理者や電気工事者との協議が必要になります。また、既存の電源から配線が出来ない場合は、電力会社から電信柱を通じて、電気の供給を依頼する必要があります。

そして、特にハイエンドの業務用プロジェクターは、2000W以上の電気容量が必要になることがあり、1台につき200V15Aを1系統が必要になります。また、電気コンセントの形も確認すべきです。家庭用コンセントとは異なる形状があります。100Vしか準備ができない場合は、1台につき100V15Aが2系統必要になります。100Vであっても、独立した系統を用意すべきでしょう。

◆ 発電機

移動式の電源は、試写のように一時的に電源が必要な時や1～2日など開催期間が短い場合、電気配線が困難な場所で役立ちます。電気容量によって機種が異なりますが、200Vに対応する大容量クラスであれば、トラックの荷台に積む程度の大きさになるため、搬入経路の確保も必要になります。また、エンジンの音が出るため、観客の場所まで騒音が聞こえないような少し離れた場所に移動式電源を設置する必要があります。100Vと200Vが併用できる機種もあります。

◉発電機(100V)

◉発電機(200V)

◆ コンセント

100Vや200Vによって、コンセントの形状も異なります。100Vにおいても、2芯とアースが付いた3芯があります。200Vのコンセントになると、また異なる形状をしています。コンセントの形状も確認して、必要があれば、変換コネクターやケーブルを準備します。

◉現場で使用する主なコンセントの形状

電圧・電力	100V15A		200V20A		
型・名称	一般	接地極付	接地極付	引掛	C19
コンセント形状					

警備の必要性

警備は、観客の誘導と機材の監視のために必要になります。警備会社へ依頼するか、ボランティアまたはアルバイトのチームを組織することが考えられます。イベントの規模や環境によって、警備の考え方も異なります。

公共空間で屋外にプロジェクターを設置するのであれば、機材の監視が深夜から夕方まで必要になります。建物の中で、鍵がかけられる場所にプロジェクターを設置するのであれば、警備は不要になります。

警備会社へ依頼することは、人数にもよりますが、多くの費用が必要になることがあります。行政や会社のスタッフ、さらにアルバイトやボランティアでチームを組織して、警察や警備会社へアドバイスを求める方が現実的でしょう。

道路から、プロジェクションマッピングやプロジェクターの光源が見える可能性があれば、念のため警察に相談し対策を行うべきです。

また、アルバイトやボランティアによるチームの場合は、誘導のためのコーン、誘導灯、警備員用のベストユニフォームなどの準備が必要になります。

オペレータースタッフの役割

オペレータースタッフの役割は、プロジェクターの立ち上げから、映像のピント調整や画角などの設定を行い、制作した映像を想定した位置に配置する作業を行います。パソコンやメディアプレイヤーなどの映像機器の接続や設定、完成した映像データを再生用データにする書き出し作業まで行ってもらうケースもあります。

短期間の上映やタイミングなど操作が求められるイベントの場合は、オペレータースタッフに映像の再生や停止などの操作と管理も任せるほうが良いでしょう。

1カ月以上など期間が長くなり、簡単な操作であれば、施設のスタッフなど専門的な知識がない人に任せてもよいでしょう。簡単な操作とは、再生のスタート、ループ再生、再生停止、機材のシャットダウンなどを指します。

SECTION-49

申請・交渉の必要性

建物にプロジェクションマッピングを行う場合、主催者やスポンサーなどの関係者が建物の持ち主や借り手であることがあります。しかし、プロジェクターを始めとする機材の設置場所は、建物と同じ敷地にあるとは限りません。建物から10m以上離れるか、道路を隔てた場所に機材を置くことになった場合は、その場所の持ち主である個人、企業、自治体に許可を得る必要があります。

申請・交渉について

屋外で行う場合、広い私有地で行わない限り、公共空間に接することは避けられません。例えば、道路から見える場合は、道路交通法に則っているのか、警察への相談を行います。また、プロジェクションマッピングが遠く離れた場所から見える場合は、自治体が定める広告物条例、景観条例に則っているのか、役所への相談が必要になります。

なぜ、このような確認を行う必要があるかと言えば、不測の事態に備える必要があるからです。お金を出す主催者やスポンサーの立場を考えると、確実に開催できる体制が求められ、直前の中止はありえません。不確実なことは、ビジネスとして成立しにくいため、提案することはできません。

条例・法律について

地方自治体によって、さまざまな条例があり、自治体のWebサイトから、PDFデータがダウンロード可能です。役所の担当窓口で相談すれば、冊子がもらえるでしょう。

また、条例の名称は、地方自治体によって異なります。条例のように、規制するような印象があるものから、ガイドラインという砕けた表現、計画のような目的を設定した印象のものまであります。

プロジェクションマッピングを行う場所が、どのような区域になっているのかを確認しましょう。

主な条例や法律は、景観条例、屋外広告物条例、公園条例および公園法(自然公園法、都市公園法)などがあります。

◆ 景観条例

景観条例は、その地域の街並みの形成によりその目的も異なり、さまざまな区分け（河川・水辺、緑地、文化財、一般、大規模建築物など）とルールが設定されています。色彩、景観の概念の解説から、指定された地区ごとに適正な色彩やルールが示されています。

その中に、広告物についてルールがある場合があります。指定の地区によって、色彩や広告の高さに規制があります。届け出や事前協議の進め方も紹介されています。

◆ 屋外広告物条例

屋外広告物条例は、屋外のさまざまな広告物に対して、基準を定めています。そのほかに、許可申請の方法、許可の種類と提出先、許可の期間と手数料なども紹介されています。

プロジェクションマッピングは、建物の壁面を使うため、壁面広告物に該当する可能性があります。高さ、大きさの基準があり、大きさは70㎡以下あるいは建物の壁面1/3以下というような表記になっています。

条例のいくつかの基準は、主観的な感覚に基づいているものがあります。判断をする役所への理解を求める必要があります。

東京都景観色彩
ガイドライン

屋外広告物のしおり

東京都景観条例

◆公園条例および公園法

公園に関する条例や法律は、公園内の基準を定めたものです。景観条例や屋外広告物条例のように、商業施設や建築物はさまざまな人々が関わるため、非常にわかりやすいパンフレットや資料があります。

公園に関しては、わかりやすい資料や明確な基準があまりないようです。国や地方自治体自体の土地である可能性が高く、管理を委託されている事務所または役所に相談するべきです。

管理者との交渉

建物や土地の持ち主または管理者、役所、警察に対して、交渉を行う必要があります。事前に、どのような主旨や内容のことを行うのかを説明しなければいけません。また、特に役所には、景観と広告物に関連して、プロジェクションマッピングの色彩と大きさ、その周辺との関係についても伝われるイメージ資料でプレゼンする必要があります。国立公園は環境省、世界遺産のような文化財では宮内庁に、書類やイメージを提出する必要もあります。

また、警察は、道路からどのように見え、乗用車の運転の妨げにならないか、派手な映像演出やプロジェクターの光源が運転を妨げないか、映像が見える範囲について確認があるはずです。

搬入・投影の準備

実際に、現場へ機材を搬入して、投影を行い、確実にプロジェクションマッピングが可能か確認する必要があります。さらに、必要があれば、その場で修正を行い、本番用に投影する映像のフォーカスのピントや色彩の調整を確認します。もし、プロジェクターの明るさが不足していることや機材に不備がある場合は、再検討を行なわなければいけない可能性があります。

機材の搬入

使用する機材は、車で搬入するか、宅配業者に配達されることになります。ワゴン車のように、多くの機材を積み込む車両で搬入することが多くあります。

機材は、出来るだけ設置場所に近いところまで、車で運び込みます。もし、車が近づけない場合は、大きめの台車を準備して、機材を移動させます。

搬入と設置は、屋外になることも多いため、ブルーシートやプラスチック段ボール、毛布のような厚手の布、エアキャップを用意しておくと便利です。機材の整理を行う場合は、地面に広げることもあるため、役に立ちます。小雨が降る可能性もあるため、簡易テントもあるとよいでしょう。

レンタルした機材に、足りない部品がないのか、リモコンやその電池があるのかなど、不備が無いのかをすぐに確認します。

◆必要なもの

- マスキングテープ
- 養生テープ
- 絶縁テープ
- カラーシート(黒、青)
- 手袋
- プラスチック段ボール
- マーカーペン
- 懐中電灯、作業灯
- 映像ケーブル各種
- USBメモリ
- SDカード
- 外付けハードディスク
- 三脚
- デジタルカメラ
- プロジェクター用台(ラクサー)
- 電源ケーブル
- ACタップ
- エアスプレー
- 映像変換コネクター(mini displayportの変換コネクタ)

設営・設置について

機材や荷物の搬入を行うと、次は設営・設置を行います。まず、搬入した荷物の内容を確認します。足りないものがあれば、補充を行います。機材の動作チェックを行い、問題がなければ、映像を投影します。

◆電源の確保

電源が確保されているのかを確認します。既設の電源、新設の電源、発電機によって、段取りが異なります。指示通りの場所に電源が来ているのか、電力量やコンセントの数、形に不備がないのかを確認します。

もし、配線工事や発電機の搬入が遅れると、機材の動作チェックや設置ができず、作業が止まるので注意が必要です。

◆機材の動作チェック

プロジェクター、メディアプレイヤー、パソコンなどの動作に問題がないのかを確認します。電源の立ち上げから、配線をして接続を行い、出来る限り動作環境を本番に近い状態にします。

もし、動作チェックを行い、不具合や不明な点があれば、レンタル業者や機材の責任者に相談します。機材に問題があれば、すぐに代替機の手配が行われます。これは、機材をレンタルするときの利点と言えます。

◆プロジェクターの設置

プロジェクター台(ラクサー)や足場の上に、プロジェクターを設置します。テスト投影の場合は、プロジェクター台やラクサーなどの既製品でも良いでしょう。本番の投影の場合は、設計した高さに設置します。高い位置になる場合は、足場を立ててその上に設置することになります。

基本的には、水平な環境に設置をします。屋外の場合は、水平ではないことがあるので、水平器を使って確認します。プロジェクターのキャスターや足で高さを調整することができます。

プロジェクターのセッティング

電源の確保、機材の設置が出来れば、プロジェクターのセッティングを行います。

◆レンズの取り付け

レンズを取り替えるような業務用のプロジェクターの取り扱いは、機材レンタル会社などのテクニカル担当者が行います。メーカーや機種によって、取り付け方は異なります。駆動系のケーブルやコネクタがあるため、カメラのレンズの取り付けに比べると、難易度が高い印象です。

◉プロジェクター用レンズの取り付け(写真協力:株式会社シーマ)

◆起動・動作の確認

電源を入れ、ランプが点灯するかを確認します。ブルーバックやメーカー企業ロゴが表示されます。リモコンで、セットアップメニューを選択して、メニュー画面を表示させます。メニュー画面の文字を手がかりに、映像のピントを合わせていきます。レンズのリングをまわすか、リモコンもしくは本体にあるピントのボタンを押し、調整を行います。

映像が投影されているのかの確認と合わせて、プロジェクター本体に表示灯が正常な点灯になっているのか確認します。明滅、オレンジや赤に光るなど異常なある場合は、取扱説明書で状態を確認します。

プロジェクターを起動してから、30分以上動作をしないと、映像が安定しないとされています。一定時間動作をさせて、ランプや排熱などのトラブルがないかを確認します。

◆ピント・フォーカスの調整

業務用や一部のプロジェクターには、メニューの中に「テストパターン」という項目があります。これは、グリッドのイメージやカラーバーなど、フォーカスの調整や色味の確認がしやすいイメージが選択できます。この機能がない場合は、事前にテスト投影用のイメージを制作して、パソコンを接続して投影します。

映像のピントは、投影される場所との距離が遠くなると、肉眼では確認しにくくなるため、双眼鏡やスコープを使って、ピントがあっているのかを確認します。

◉ピントを確認するためのスコープ(写真協力:株式会社シーマ)

◆コントローラーの接続

コントローラーの動作確認を行います。これは、家庭用のスイッチを流用したコントローラーです。機材レンタル会社(株式会社シーマ)が制作した機器です。電源、リモート、シャッターと3つのスイッチがあります。

開催の期間が長い場合や技術スタッフが常時いない場合は、このような分かりやすいコントローラーをつけてもらうことで、スムーズな運営をすることができます。

◉プロジェクターを制御するコントローラー(写真協力:株式会社シーマ)
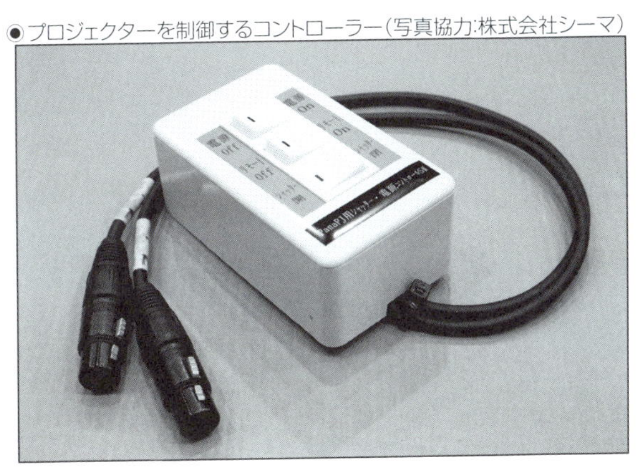

映像再生機器のセッティング

電源の確保、プロジェクターの設置やセッティングが出来れば、映像を再生する機材のセッティングを行います。プロジェクターや電源からの距離を確認して、十分な長さの映像ケーブルと電源ケーブルが必要になります。また、映像コネクターの種類や変換コネクターがあるのかを確認します。

◆パソコンの接続

まず、パソコンに接続して、映像の確認することになります。パソコンでは、テンプレート画像の制作や確認、映像の再生を行うことができます。屋外の現場では特に持ち運びしやすいノートパソコンを使う機会が多くなります。Macの場合は、mini displayportの変換コネクターが必須になります。

パソコンのディスプレイ設定を開き、パソコンとプロジェクターの解像度を調整します。解像度とアスペクト比によって見え方が変わります。また必要に応じて、パソコンとプロジェクターの表示が同じになるミラーリングの設定を行います。

●mini displayportの変換コネクター

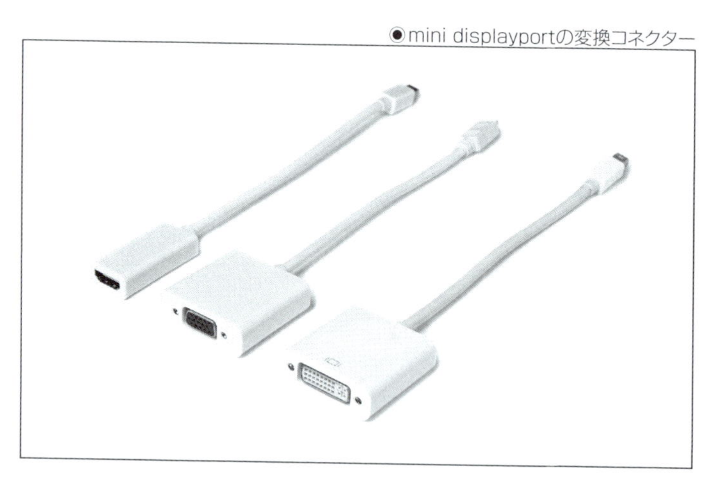

◆メディアプレイヤーの接続

メディアプレイヤーを接続して、映像が表示されるかを確認します。機種によっては、HDMIやVGAなど出力の切替えが必要な場合もあるため、取扱説明書を確認しながら設定を行います。

◆液晶ディスプレイの接続

プロジェクターから投影される映像は、手元でじっくり確認することや観客には見えないように確認することは出来ません。ノートパソコンでミラーリング設定をしている場合は可能です。

そのため、小型の液晶ディスプレイを確認用に接続しておくと便利です。メディアプレイヤーは、液晶ディスプレイが付属していないため特に役立ちます。映像分配器を用意して、映像を2つに分岐する必要があります。

SECTION-51

テスト投影の手順

テスト投影を行うタイミングは、プロジェクトや案件によってはさまざまです。初めて投影を行う場合は、映像の明るさや色彩、テンプレートの作成を行います。テンプレートがある段階であれば、その正確さの確認を行い、必要があれば、修正を行います。そして、そのテンプレートをもとに、制作した映像を投影します。

テンプレートの確認・調整

まず、パソコンでPhotoshopを開きます。そして、テンプレート画像を開きます。このとき、パソコンとプロジェクター、テンプレート画像の解像度やアスペクト比が正しいかを確認します。もし、設定がおかしい場合は正円が楕円に見える、投影されている映像が小さく黒い部分が多いことがあります。

テンプレート画像を表示して、プロジェクターのセッティングを行います。プロジェクターの位置、角度、映像の大きさ、位置を調整して、テンプレート画像が映像を映し出す対象にぴったり合うのか調整します。

もし、ズレがある場合は、プロジェクターの位置が移動しているか、設定が変わっているのか、データに不備があるのかになります。データに不備がある場合は、[ブラシツール]でズレの部分を修正していきます。または、大きなズレが発生した場合は、設定や環境が変更した場合があるため、原因を見つけて解決する方法を考えます。

念のために、デジタルカメラで試写の状態を記録して、ズレや色彩、明るさなどをあとから確認できるようにします。

映像の再生

制作した映像は、Macもしくは、Windowsで再生します。

◆ Macで再生する場合

Macの場合は、[QuickTime]というアプリケーションを立ち上げます。[ファイル]メニューの[ファイルを開く]から、ファイルを選択すると開きます。[表示]メニューの[フルスクリーンにする]とその次に[再生を繰り返す]を選ぶと、再生の設定が整いました。

◆ Windowsで再生する場合

Windowsの場合、もしくは、Macでも[QuickTime]でうまくいかない場合は、VLCという無料のアプリケーションがあります。VLCに、ムービーファイルを読み込ませ、[ビデオ]メニューの[全画面表示]を選択します。[再生]メニューの[すべてリピート]を選びます。

テスト投影で確認するべき技術的なポイント

テスト投影では、パソコンの液晶ディスプレイで確認した色彩が実際に出ているのか、プロジェクターの明るさが足りず、映像が暗くないのかを確認します。

プロジェクターの明るさが足りないと、プロジェクターのモード設定をダイナミックにする、コントラストを高めるなど、調整が必要になります。または、画像データ自体のコントラストを修正します。

明るさ不足でコントラストをあげると、次は色彩が狂い、色彩表現の幅が狭くなることがあります。制作していた時の色彩と大きく異なってしまいます。中間色、たとえば、赤紫、黄緑など色彩が微妙な色に関しては、過度なコントラストで崩れる可能性があります。原色、R(レッド)G(グリーン)B(ブルー)などは、過度なコントラストでも崩れにくく、彩度も高いため、安定した色に限定していく方法もあります。

また、プロジェクターの性能や特性が原因の場合もあります。DLP方式(1チップタイプ)のプロジェクターを使っている場合は、液晶プロジェクターの方が色彩の階調が出やすいことがあります。または、業務用プロジェクターで、3チップのDLP方式の機種など、上位機種を選ぶと良いでしょう。

◉テスト投影における技術的な問題の原因と解決方法

チェックポイント	原因	解決方法
色彩の再現度	プロジェクターの性能	上位機種や液晶プロジェクターへ変更
	建物の投影面の色	画像データのコントラスト、色調補正
	過度なコントラスト	中間色ではなく、原色を使う
映像の明るさ	プロジェクターの性能	プロジェクターのコントラストを調整
	建物の投影面の色	ルーメン数が高いプロジェクターへ変更
	周辺環境が明るい	プロジェクターの台数を増やす

映像の明るさ不足の原因として、周辺環境が明るいことがあります。建物の周辺にある街灯や他の建物の照明を消すことや照明の向きを変える、照明にフードをつけて光の向きを制限することが効果的です。

より明るいプロジェクターに交換する、プロジェクターを複数台用意して、デュアルスタック、分割して投影するなど工夫する方法が考えられます。

テスト投影で確認するべきコンテンツのポイント

パソコンで制作していると、建物に映像を投影した時のスケール感がわかりません。また、観客のベストポジションといえる場所で見ると、印象が大きく異なります。大きすぎる、小さすぎる、細かくて見えないなど明らかになります。その印象を参考に、画像を修正します。

また、映像の展開の速度も重要です。パソコンで見ていると、イメージが小さいので、動きが遅く感じやすいのですが、建物に投影してみると、イメージが大きいため、動きが速く感じることがよくあります。さらに、観客は、映像の展開を事前に知らないため、動きが速くて内容を理解できないことにもつながります。

◉テスト投影におけるコンテンツに問題がある原因と解決方法

チェックポイント	原因	解決方法
大きさ	スケール感が違う	画像や編集データを修正する
速度	体感速度が違う	編集データを修正して速度を落とす
	理解度と速度の関係	コンポジションを時間伸縮させる

たとえば、静止画も5秒程度静止させ、2秒かけてフェードする、建物の上から下までイメージが7〜10秒程度ワイプしていく。この程度の時間感覚でも、遅すぎるわけではありません。

映像の編集データを修正することで、コンテンツの表示や移動速度を遅らせて、映像の速度を遅くします。

編集データが複雑で完成度も高い場合は、After Effectsのタイムライン上で映像全体のコンポジションを選択して、[レイヤー]メニューの[時間]から[時間伸縮]を選択します。[伸縮比率]または[新規デュレーション]を調整することが、タイムライン上のコンポジションのバーの長さが変化して、映像の速度を調整することができます。

◉時間伸縮の設定(After Effects)

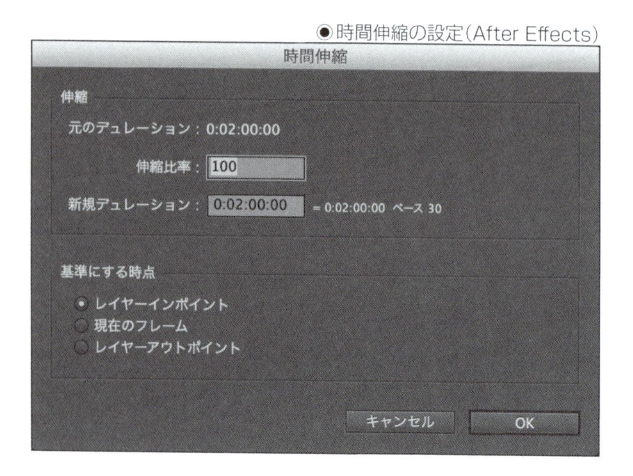

試写での映像確認

試写は、仮で完成した映像を確認します。テスト投影は、主に映像の制作者(ディレクター、クリエイターなど)が行います。試写では、映像の確認を行うため、クライアント、スポンサー、主催者といった関係者も参加して、評価されます。内容的に足りない部分があると、修正を行う場合があるため、試写の段階で完成を目指して、制作を進める必要があります。

また、映像の内容の確認以外に、日没の時間や運営上の確認も合わせて行います。

SECTION-52

運営とメンテナンス

機材のセッティングや映像の調整が完了すれば、プロジェクションマッピングを実際に始めることができます。

映像を再生するスタッフやトラブルが起こったときの対処法など、スムーズに運営するための体制を作る必要があります。

上映の運営体制

映像を再生するスケジュールは、どれくらいのペースになるのかは、企画の内容やプロジェクションマッピングを行う環境によって異なります。そのため、再生する方法や機材、人員も変わってきます。

雨の場合に、中止にするのか、決行するのか、判断が必要な場面があります。すでに企画の開催概要において、雨天決行や雨天中止が決定することがあります。

なぜ、雨天に左右されるのかは、建物にプロジェクションマッピングを行う場合は、機材を屋外に設置することが多く、機材が濡れてしまう可能性が高いからです。また、雨の中、観客がプロジェクションマッピングを見ることも困難なことが多く、観客が集まりにくいこともあります。そのため雨天の場合は、対策を事前に考えておく必要があります。これは、梅雨や台風の時期、気温が高くなる夏など、季節によっては、特に対策をしなければいけません。

◆ 雨天中止の場合

- 防水防風対策

◆ 雨天決行の場合

- 防水防風対策
- エアコン設置など空調対策（夏）
- 暴風暴雨の場合、中止の判断（台風）

◆ どちらにも言える場合

- 暴風暴雨の場合、機材を撤収する判断（台風）

上映のタイミング

上映のスタイルは、いくつか考えられます。企画の趣旨、コンテンツの性格や観客の導線など、さまざまな基準で運営方法が考えられます。

- BGM(背景映像)型 …… ループ再生を繰り返す
- シアター型……………… 時間を決めるまたは客入りを見て、上映を始める

どのタイミングで観客が訪れても、プロジェクションマッピングが見えるのは、BGM(背景映像)型です。映像がループ再生されているので、常に見ることができます。いくつかのコンテンツが組合わさったオムニバス形式であれば、BGM(背景映像)型でも問題ないと思います。ストーリーがあるコンテンツであれば、途中から見ることが良いとは言えません。

例えば、15分、30分、60分ごとに再生するなど、周期的に上映を行うのが、シアター型です。観客の導線と安全への配慮、会場の収容人数の限界、鑑賞できる環境を確保する、ある程度の観客が集まってから上映する方が演出上盛り上げるなど、いくつかの判断があり、シアター型がよく採用されています。

定期上映する場合は、事前にWebでの告知、会場での告知を行う場合もあります。週末や休日に、観客が殺到した場合、会場が混乱する可能性があります。有料チケットや無料整理券など、観客数を把握する方法も検討が必要です。

再生の方法

機材を立ち上げ、映像を再生するスタッフが必要になります。また、無人で運営する場合は、自動化するためのシステムを準備しなければいけません。また、映像をどのような時間感覚やタイミングで再生するかによっては、その体制を考えなければいけません。また、開催する期間や観客の多さ、コンテンツの内容などで、この体制は変わります。

◆ループ再生

ループ再生は、同じ映像が繰り返し再生されることです。この場合は、映画の上映会のようにはならず、BGV(背景映像)のように延々と流れます。

メリットは、観客がどのタイミングに訪れても、繰り返し再生されているため、楽しみやすいことです。そして、パソコンやメディアプレイヤーでループ再生の設定を行うだけなので、管理が簡単です。

デメリットは、ストーリーのあるコンテンツであれば、途中から見ることは、クリエイターや観客にとって、不本意になることがあります。

また、メディアプレイヤーでループ再生を行う場合は、映像の最初と最後は、黒い画像が入ります。つまり、ループ再生をすると、瞬きのように一瞬暗くなります。そのため、パソコンでループ再生を行うか、メディアプレイヤーではコンテンツの最初と最後を黒い画像にすることで、ループ再生の切れ目を無くします。上映の時間分だけ延々とループする長い映像データを作成することが必要になります。

◆ 自動再生

自動再生は、映像の再生が、電源が入ることやタイマー機能で自動的に始まることを指します。メディアプレイヤーWD TV Liveには、電源が入ると自動再生する機能があります。タイマー電源やブレーカーのスイッチが入ると、再生が始まるため、上映の管理が簡単です。再生を終了する時には、電源を切る必要があります。もちろん、問題なく再生されているのかの確認や定期的なメンテナンスが必要です。

さらに、メディアプレイヤーBrightsignは、スケジュール機能があります。曜日や日時を指定することで、映像が自動的に再生と停止が可能です。そのため、常に電源を入れておく必要があります。BrightAuthorというWindows専用のオーサリングソフトを使い、スケジュールの設定を行います。

◆ テクニカルスタッフによる再生

スタッフが映像を再生する状況は、1日のタイムスケジュールが決まっていて、再生の回数が少ない場合です。上映会のように、観客が席や場所に着いて映像が始まる運営の時に、テクニカルスタッフが再生をします。

他にもスタッフが必要な状況は、観客の集まり具合を確認して、再生のタイミングを判断する場合です。例えば、20分に1回再生するとか、漠然としたタイムスケジュールが決められている時に、時刻通りではなく、観客がある程度の数が集まったのを確認して、再生をした方が多くの人が映像の最初から見れるので、待つことは盛り上がりにもつながります。

メンテナンス

会期が長い場合、レンタル会社のテクニカルスタッフが常駐しない場合は、メンテナンスを行う必要があります。また、機材を設置する時には、故障が起こりにくいような対策や確認が必要になります。

◆排気と排熱

プロジェクターやパソコンなどの機材が壁、台、ケースなどに近いと熱がこもりやすくなります。また、狭い空間や天井に近い空間でも、熱がこもりやすい状況が生まれます。高い場所や手の届きにくい場所に機材を設置している場合でも、機材を長時間起動させてから、近づいて確認を行います。

サーキュレーションや小型の扇風機を使い、熱がこもらないような対策をして、換気をします。プロジェクターやパソコン、メディアプレイヤーのまわりに設置します。

◆清掃

定期的に、清掃を行います。ほこりは、精密機器の故障の原因になります。機材を設置する前や会期中もほこりが目立つ場合は、清掃します。また、プロジェクターの吸気口には、フィルターが付いており、清掃を行います。清掃方法は、プロジェクターの取扱説明書に記載があります。基本的には、掃除機での吸引が多いと思います。

◆機材の動作チェック

定期的に、機材が正常に動作するのか確認をします。機材に負荷がかかっている場合があるので、電源が常に入っている機材はACアダプタやコンセントを抜き、電源を切ります。再起動をして、最初から手順通りに再設定を行います。特にパソコンや機材のACアダプタは、再起動をすることで問題が解消される場合があります。もし、動作チェックの段階で、問題や不具合があれば、テクニカルスタッフと相談して対処が必要になります。

INDEX

記号・英数字

あ行

か行

さ行

た行

■著者紹介

田中（たなか） 健司（けんじ）　1981年兵庫県生まれ。大阪成蹊大学芸術学部卒業を経て、2010年情報科学芸術大学院大学(IAMAS)卒業。2004年よりプロジェクションマッピング作品の制作を開始し、二条城、六甲山上駅など公共空間での発表を行う。2010年から六甲ミーツ・アート 芸術散歩に参加し、2013年には東急ハンズANNEX店や京都の鴨川プロジェクションマッピングのディレクションを担当する。2015年、NTTインターコミュニケーション・センター［ICC］のエマージェンシーズ! 026、徳島LEDアートフェスティバル2016にて作品を発表。現在、大阪電気通信大学非常勤講師を務める。

URL　http://tanakakenji.jp/

執筆補助：松本和史
執筆協力：株式会社シーマ
　　　　　六甲ミーツ・アート 芸術散歩
　　　　　株式会社anno lab

編集担当：西方洋一 / カバーデザイン：秋田勘助（オフィス・エドモント）
写真：©tarapong - stock.foto、©Leigh Prather - stock.foto

プロジェクションマッピングの教科書

2017年5月1日　　初版発行

著　者　田中健司
発行者　池田武人
発行所　株式会社　シーアンドアール研究所
　　　　新潟県新潟市北区西名目所4083-6(〒950-3122)
　　　　電話　025-259-4293　FAX　025-258-2801
印刷所　株式会社　ルナテック

ISBN978-4-86354-218-1 C3055